Bernd Steinbach / Christian Posthoff

EAGLE-STARTHILFE

Effiziente Berechnungen mit XBOOLE

EAGLE 081:

www.eagle-leipzig.de/081-steinbach-posthoff.htm

Edition am Gutenbergplatz Leipzig

Gegründet am 21. Februar 2003 in Leipzig, im Haus des Buches am Gutenbergplatz.

Im Dienste der Wissenschaft.

Hauptrichtungen dieses Verlages für Lehre, Forschung und Anwendung sind:
Mathematik, Informatik, Naturwissenschaften, Wirtschaftswissenschaften, Wissenschafts- und Kulturgeschichte.

EAGLE: www.eagle-leipzig.de

Bände der Sammlung „EAGLE-STARTHILFE" erscheinen seit 2004 im unabhängigen Wissenschaftsverlag „Edition am Gutenbergplatz Leipzig" (Verlagsname abgekürzt: EAGLE bzw. EAG.LE).

„EAGLE-STARTHILFEN" aus Leipzig erleichtern den Start in ein Wissenschaftsgebiet. Einige der Bände wenden sich gezielt an Schüler, die ein Studium beginnen wollen, sowie an Studienanfänger. Diese Titel schlagen eine Brücke von der Schule zur Hochschule und bereiten den Leser auf seine künftige Arbeit mit umfangreichen Lehrbüchern vor. Sie eignen sich auch zum Selbststudium und als Hilfe bei der individuellen Prüfungsvorbereitung an Universitäten, Fachhochschulen und Berufsakademien.

Jeder Band ist inhaltlich in sich abgeschlossen und leicht lesbar.

www.eagle-leipzig.de/verlagsprogramm.htm

www.eagle-leipzig.de/starthilfen.htm

Bernd Steinbach / Christian Posthoff

EAGLE-STARTHILFE
Effiziente Berechnungen mit XBOOLE

Boolesche Gleichungen – Mengen und Graphen – Digitale Schaltungen

EAG.LE Edition am Gutenbergplatz
Leipzig

Bibliografische Information der Deutschen Nationalbibliothek
Die Deutsche Nationalbibliothek verzeichnet diese Publikation in der Deutschen Nationalbibliografie; detaillierte bibliografische Daten sind im Internet über http://dnb.d-nb.de abrufbar.

Prof. Dr.-Ing. habil. Bernd Steinbach
Geboren 1952 in Chemnitz. Studium der Informationstechnik an der TU Chemnitz. Promotionen (Dr.-Ing.) 1981 und (Dr. sc. techn.) 1984. Habilitation 1991.
Von 1977 bis 1983 Assistent an der TU Chemnitz. Forschungsingenieur im Kombinat Robotron von 1983 bis 1985.
Von 1985 bis 1992 Dozent für Entwurfsautomatisierung der TU Chemnitz.
Seit 1992 Universitätsprofessor für Informatik / Softwaretechnologie und Programmierungstechnik an der TU Bergakademie Freiberg. Von 1998 bis 2000 Direktor des Instituts für Informatik an der TU Bergakademie Freiberg. Von 2003 bis 2006 Prodekan der Fakultät für Mathematik und Informatik an der TU Bergakademie Freiberg.
Seit 1992 Leiter des Steinbeis-Transferzentrums Logische Systeme in Chemnitz.

Prof. Dr.-Ing. habil. Dr. rer. nat. Christian Posthoff
Geboren 1943 in Neuhammer. Mathematikstudium an der Universität Leipzig. Promotionen (Dr. rer. nat.) 1975 und (Dr. sc. techn.) 1979.
Habilitation (Dr.-Ing. habil.) 1991. Von 1968 bis 1972 Industrietätigkeit.
Von 1972 bis 1980 Assistent und Oberassistent an der Sektion Informationstechnik der TU Chemnitz. Von 1980 bis 1983 Dozent für Logikentwurf.
Von 1983 bis 1993 Professor für Informatik / Theoretische Informatik und Künstliche Intelligenz an der Sektion Informatik der TU Chemnitz.
Seit 1994 Full Professor of Computer Science am Department of Mathematics & Computer Science der University of the West Indies, St. Augustine, Trinidad & Tobago.
Von 1996 bis 2002 Head of Department Computer Science.

Erste Umschlagseite: Golden Gate Bridge San Francisco Bay (Foto: B. Steinbach 1997); vgl. S. 5.

Vierte Umschlagseite:
Dieses Motiv zur BUGRA Leipzig 1914 (Weltausstellung für Buchgewerbe und Graphik) zeigt neben B. Thorvaldsens Gutenbergdenkmal auch das Leipziger Neue Rathaus sowie das Völkerschlachtdenkmal.

Für vielfältige Unterstützung sei der Teubner-Stiftung in Leipzig gedankt.

EAGLE 081: www.eagle-leipzig.de/081-steinbach-posthoff.htm

Printed in Germany
Umschlaggestaltung: Sittauer Mediendesign, Leipzig
Herstellung: BoD - Books on Demand, Norderstedt

ISBN 978-3-95922-081-1

Vorwort

Sowohl die Vielfalt als auch die Anzahl von Systemen, die als mikroelektronische Schaltung realisiert werden, steigen immer weiter an. Dieser Trend liegt daran, dass Boolesche Funktionen realisiert werden, deren Beschränkung auf Variablen mit nur zwei Werten (wahr oder falsch, ein oder aus, . . .) die bestmögliche Störsicherheit bietet und viele Millionen Schaltelemente (Transistoren) mit niedrigen Kosten durch wenige gemeinsame technologische Schritte auf sehr kleinen Flächen realisiert werden können. Die gewaltige Anzahl von nutzbaren Schaltelementen ist einerseits eine willkommene Basis für immer leistungsfähigere Systeme. Andererseits ergeben sich sehr aufwendige Probleme für Berechnungen, da die Anzahl der Funktionswerte einer Booleschen Funktion exponentiell mit der Anzahl der unabhängigen Variablen steigt.

Die theoretische Grundlage zur logischen Beschreibung und Entwicklung solcher digitaler Systeme sind Boolesche Funktionen zusammen mit den Operationen der Booleschen Algebra und des Booleschen Differentialkalküls. Zwischen dieser sehr gut ausgebauten Theorie und ihrer praktischen Anwendung werden Werkzeuge zur effizienten Berechnung benötigt. Ähnlich wie die *Golden Gate Brigde* auf dem Einband dieses Buches beide Ufer der Wasserstraße zwischen der San Francisco Bay und dem Pazifik überspannt, bildet XBOOLE eine wichtige Brücke für effiziente Berechnungen zwischen der gut entwickelten Theorie und den sehr hohen praktischen Anforderungen.

Wegen der exponentiellen Komplexität kann man selbst Aufgaben mit geringer Variablenzahl nicht von Hand lösen. Man muss also Kenntnisse verwenden, die aus mehreren Gebieten stammen:

- Zum ersten muss man mit Booleschen Funktionen umgehen können.

- Zweitens muss man die Fähigkeit haben, ein konkretes Problem als logisches Problem zu formulieren.

- Weiterhin muss man entsprechende Lösungsverfahren anwenden, die alle die Unterstützung durch geeignete Software erfordern.

- Schließlich ist gelegentlich (oder auch öfter) erforderlich, selbst Programme zur Lösung von (Teil-) Problemen zu schreiben.

Natürlich kann man nicht alle diese Probleme mit dem uns hier zur Verfügung stehenden Platz lösen. Es ist aber unser Anliegen, die Grundlagen für den Umgang mit diesen Fragen in einer Weise darzustellen, bei der man in dieses Gebiet „einsteigen" kann. Das Studium des Textes liefert eine sichere Grundlage, auf der man aufbauen und seine Kenntnisse in jeder Richtung praxisrelevant vertiefen kann. Wir entwickeln also *numerische Methoden* für die Lösung von Booleschen Problemen.

Die beste Methode, sich die dargestellten Konzepte anzueignen, besteht in einem sorgfältigen Lesen des Textes. Sie sollten die Beispiele mit dem XBOOLE-Monitor nachrechnen und durch weitere eigene Beispiele ergänzen. Mit den zu jedem Kapitel gestellten Aufgaben wollen wir Sie anregen, die gewonnenen Erkenntnisse zur Lösung praktischer Aufgaben mit dem XBOOLE-Monitor anzuwenden. Mit den für alle Aufgaben am Ende des Buches angegebenen Lösungen können Sie Ihre Lernfortschritte kontrollieren.

Wir danken Herrn Jürgen Weiß vom unabhängigen Wissenschaftsverlag „Edition am Gutenbergplatz Leipzig" für die ausgezeichnete Zusammenarbeit bei der Entstehung dieses Buches.

Freiberg, Januar 2015
Bernd Steinbach, Christian Posthoff

Inhalt

1 Grundlagen

1.1 Boolesche Funktionen und Gleichungen

Ausgangspunkt unserer Überlegungen ist die Menge $\mathbb{B} = \{0, 1\}$ mit den zwei verschiedenen Elementen 0 und 1. In technischen Anwendungen wendet man durchgängig die Bezeichnungen 0 und 1 an, in der **Programmierung** oder in der **Logik** sieht man öfter **true** oder **t** anstelle von 1 und **false** oder **f** anstelle von 0. Dabei kann man **true** mit **wahr** und **false** mit **falsch** übersetzen und auch diese Sprechweise verwenden.

Mit diesen beiden Elementen bilden wir Binärvektoren der Länge n.

Definition 1.1. *Für* $\mathbb{B} = \{0, 1\}$ *ist*

$$\mathbb{B}^n = \{\mathbf{x} \,|\, \mathbf{x} = (x_1, x_2, \ldots, x_{n-1}, x_n), x_i \in \mathbb{B} \;\forall i = 1, \ldots, n\} \tag{1.1}$$

die Menge aller Binärvektoren mit n *Komponenten, der Boolesche (binäre) Raum* $\mathbb{B}^n$.

Beispiel 1.1.

$$\begin{aligned}
\mathbb{B}^2 &= \{(00), (01), (10), (11)\} \;, \\
\mathbb{B}^4 &= \{(0000), (0001), (0010), (0011), (0100), (0101), (0110), (0111), \\
&\quad (1000), (1001), (1010), (1011), (1100), (1101), (1110), (1111)\} \;.
\end{aligned}$$

Die Menge $\mathbb{B}^n$ besitzt 2^n Elemente – hier sieht man zum ersten Mal die exponentielle Komplexität, mit der man im Weiteren ständig zu kämpfen hat. Basierend auf den Mengen $\mathbb{B}^n$ und $\mathbb{B}$ werden Boolesche Funktionen definiert.

Definition 1.2. *Eine eindeutige Abbildung von $\mathbb{B}^n$ in $\mathbb{B}$ ist eine (n-stellige) Boolesche (binäre, logische) Funktion $f(\mathbf{x}) = f(x_1, x_2, \ldots, x_n)$:*

$$f(\mathbf{x}): \quad \mathbb{B}^n \to \mathbb{B} .$$

Aus der Definition 1.2 ergibt sich unmittelbar die Möglichkeit der Darstellung einer Boolesche Funktionen als Tabelle, in der den 2^n Binärvektoren aus $\mathbb{B}^n$ jeweils ein Funktionswert aus $\mathbb{B}$ zugeordnet wird.

Tabelle 1.1 Vier Funktionen einer Booleschen Variable

x	$f_0(x)$	$f_1(x)$	$f_2(x)$	$f_3(x)$
0	0	0	1	1
1	0	1	0	1

Es gibt 2^{2^n} n-stellige Boolesche Funktionen. Die Tabelle 1.1 enthält alle vier einstelligen Funktionen. Die Funktion $f_0(x)$ ist konstant gleich 0 (**Kontradiktion**), die zweite Funktion wiederholt den Wert des Argumentes (**Identität**). Vielleicht am wichtigsten ist $f_2(x)$, diese Funktion wird als **Negation** bezeichnet und vertauscht die beiden Werte, meistens dargestellt durch $\overline{x}$. Schließlich ist $f_3(x)$ konstant gleich 1 (**Tautologie**). Benötigt man für x und $\overline{x}$ eine gemeinsame Sprechweise, so bezeichnet man sie als *Literale*.

Für $n = 2$ gibt es bereits $2^{2^2} = 16$ Boolesche Funktionen. In der Tabelle 1.2 haben wir die vier wichtigsten zweistelligen Funktionen dargestellt und ihnen Namen und Operationszeichen zugeordnet: die **Konjunktion** (*und*, $\wedge$), die **Disjunktion** (*oder*, $\vee$), die **Antivalenz** (*entweder ... oder*, $\oplus$) sowie die **Äquivalenz** (*genau dann, wenn ...*, $\odot$).

Sehr oft werden die folgenden Eigenschaften benutzt:

- Die Konjunktion ist gleich 1 genau dann, wenn beide Argumente gleich 1 sind.

Tabelle 1.2 Die wichtigsten Funktionen von zwei Variablen

x_1	x_2	$x_1 \wedge x_2$ *Konjunktion*	$x_1 \vee x_2$ *Disjunktion*	$x_1 \oplus x_2$ *Antivalenz*	$x_1 \odot x_2$ *Äquivalenz*
0	0	0	0	0	1
0	1	0	1	1	0
1	0	0	1	1	0
1	1	1	1	0	1

- Die Disjunktion ist gleich 0 genau dann, wenn beide Argumente gleich 0 sind.
- Die Antivalenz ist gleich 1 genau dann, wenn beide Argumente verschiedene Werte annehmen.
- Die Äquivalenz ist gleich 1 genau dann, wenn beide Argumente den gleichen Wert besitzen.

Die eingeführten Operationszeichen für die Negation ($\overline{x}$) und die vier zweistelligen Funktionen aus der Tabelle 1.2 ($\wedge, \vee, \oplus, \odot$) ermöglichen es, Boolesche Funktionen mit Hilfe von Ausdrücken zu beschreiben. Für vorgegebene Werte der Booleschen Variablen x_i ergibt sich der zugehörige Funktionswert, indem sukzessive die einzelnen Werte aller Booleschen Operationen des Ausdrucks berechnet werden. Die gewünschte Berechnungsreihenfolge kann stets durch Klammern festgelegt werden. Ohne Klammern wird bei der Auswertung eines Booleschen Ausdrucks eine Priorität der Operationen berücksichtigt. Die höchste Priorität hat die Negation, ihr folgen mit fallender Priorität die Konjunktion ($\wedge$), die Disjunktion ($\vee$), die Antivalenz ($\oplus$), die Äquivalenz ($\odot$) und die Implikation ($\rightarrow$).

Ein und dieselbe Boolesche Funktion kann mit vielen verschiedenen Ausdrücken beschrieben werden. Häufig werden die folgenden Eigenschaften benutzt:

Konjunktion:	$f_1(x_1, x_2) = x_1 \wedge x_2 = \overline{(\overline{x}_1 \vee \overline{x}_2)}$,
Disjunktion:	$f_2(x_1, x_2) = x_1 \vee x_2 = \overline{(\overline{x}_1 \wedge \overline{x}_2)}$,
Antivalenz:	$f_3(x_1, x_2) = x_1 \oplus x_2 = x_1\overline{x}_2 \vee \overline{x}_1 x_2$,
Äquivalenz:	$f_4(x_1, x_2) = x_1 \odot x_2 = x_1 x_2 \vee \overline{x}_1\overline{x}_2$,
Implikation:	$f_5(x_1, x_2) = x_1 \rightarrow x_2 = \overline{x}_1 \vee x_2$.

Die letzte Funktion in dieser Aufzählung ist die **Implikation**, die man hauptsächlich beim logischen Schließen und bei der Programmierung braucht. Auf ihr beruhen im Wesentlichen die **klassische Aussagenlogik** und das **logische Schließen**. Die Variable x_1 bezeichnet man als *Prämisse* oder *Voraussetzung*, die Variable x_2 ist die *Schlussfolgerung* oder *Konklusion*. In logischen Zusammenhängen muss man sich damit beschäftigen, die Wahrheit von x_1 nachzuweisen. Falls das gelingt und man hat eine *wahre* Implikation, dann muss die Konklusion wahr sein. Die Wahrheit geht quasi von der Prämisse auf die Konklusion über.

Viele weitere wichtige Regeln zur Umformung Boolescher Ausdrücke sind in [5], [10] enthalten. Da die Konjunktion sehr häufig vorkommt und die höchste Priorität der zweistelligen Operationen besitzt, wird das Operationszeichen ($\wedge$) oft weggelassen. Beispiele dafür sind die oben angegebenen rechten Ausdrücke für die Antivalenz bzw. die Äquivalenz.

Neben den Ausdrücken für Boolesche Funktionen, in denen die Operationen in beliebiger Weise vorkommen (beliebige Form), werden bevorzugt spezielle Formen Boolescher Funktionen verwendet. Für die vier grundlegenden Formen gelten folgende Regeln:

- in einer *disjunktiven Form* werden Konjunktionen aus Literalen *disjunktiv* verknüpft:

$$f_1(\mathbf{x}) = x_1\overline{x}_2 x_3 \vee x_2 x_3 \overline{x}_4 \vee \overline{x}_1 x_4 \overline{x}_5 \ , \tag{1.2}$$

- in einer *konjunktiven Form* werden Disjunktionen aus Literalen *konjunktiv* verknüpft:

$$f_2(\mathbf{x}) = (x_1 \vee \overline{x}_2 \vee x_3) \wedge (x_2 \vee x_3 \vee \overline{x}_4) \wedge (\overline{x}_1 \vee x_4 \vee \overline{x}_5) \ , \quad (1.3)$$

- in einer *Antivalenz-Form* werden Konjunktionen aus Literalen *antivalent* verknüpft:

$$f_3(\mathbf{x}) = x_1\overline{x}_2x_3 \oplus x_2x_3\overline{x}_4 \oplus \overline{x}_1x_4\overline{x}_5 \ , \quad (1.4)$$

- in einer *Äquivalenz-Form* werden Disjunktionen aus Literalen *äquivalent* verknüpft:

$$f_4(\mathbf{x}) = (x_1 \vee \overline{x}_2 \vee x_3) \odot (x_2 \vee x_3 \vee \overline{x}_4) \odot (\overline{x}_1 \vee x_4 \vee \overline{x}_5) \ . \quad (1.5)$$

Boolesche Funktionen werden in Booleschen Gleichungen verwendet.

Definition 1.3. *Eine* ***Boolesche (binäre, logische) Gleichung*** *entsteht durch das Gleichsetzen von zwei Booleschen Funktionen:*

$$f(x_1, \ldots, x_n) = g(x_1, \ldots, x_n).$$

Die ***Lösung*** *einer Booleschen Gleichung ist eine Menge von Binärvektoren, für die die Funktionen der beiden Seiten der Gleichung entweder beide den Funktionswert* 0 $(0 = 0)$ *oder beide den Funktionswert* 1 $(1 = 1)$ *besitzen.*

Beispiel 1.2. *Gegeben sei die Boolesche Gleichung*

$$x_1 \vee x_2 = x_1 \oplus x_2 \ . \quad (1.6)$$

Ihre Lösungsmenge $L = \{(00), (01), (10)\}$ *kann man unter Verwendung der Funktionswerte aus der Tabelle 1.2 ermitteln.*

Die Lösungsmenge einer Booleschen Gleichung teilt den zugrunde liegenden Booleschen Raum in zwei disjunkte Mengen. Diese Einteilung kann auch durch eine *charakteristische Funktion* $\chi_L(\mathbf{x})$ beschrieben werden, die den Funktionswert 1 für die Belegungen von $\mathbf{x}$ besitzt, die zur Lösungsmenge L gehören und für alle anderen Belegungen gleich 0 ist.

Die charakteristische Funktion für die Lösungsmenge der Gleichung (1.6) aus dem Beispiel 1.2 ist $\chi_L(x_1, x_2) = \overline{x_1 \wedge x_2}$. Diese Funktion beschreibt die Eigenschaft der **Orthogonalität**. Wenn $x_1 \wedge x_2 = 0$ ist, dann kann, wie in der Gleichung (1.6), zwischen den Variablen x_1 und x_2 das Operationszeichen ($\vee$, *Disjunktion*) durch das Operationszeichen ($\oplus$, *Antivalenz*) ersetzt werden, ohne dass sich der Wert des Ausdrucks ändert.

Eine Boolesche Gleichung mit der konstanten Funktion $1(\mathbf{x})$ auf der rechten Seite wird als *homogene charakteristische Gleichung* bezeichnet. Wenn auf der rechten Seite einer Booleschen Gleichung die konstante Funktion $0(\mathbf{x})$ steht, so handelt es sich um eine *homogene restriktive Gleichung.* Jede Boolesche Gleichung kann in diese charakteristischen Formen umgewandelt werden; es gilt:

$$f(\mathbf{x}) = g(\mathbf{x}) \quad \Leftrightarrow \quad f(\mathbf{x}) \odot g(\mathbf{x}) = 1 \; , \tag{1.7}$$

$$f(\mathbf{x}) = g(\mathbf{x}) \quad \Leftrightarrow \quad f(\mathbf{x}) \oplus g(\mathbf{x}) = 0 \; . \tag{1.8}$$

Jede Boolesche Gleichung besitzt eine zugehörige Lösungsmenge. Werden k Gleichungen zu einem *System Boolescher Gleichungen*

$$\begin{aligned} f_1(\mathbf{x}) &= g_1(\mathbf{x}) \\ f_2(\mathbf{x}) &= g_2(\mathbf{x}) \\ \vdots \quad & \quad \vdots \\ f_k(\mathbf{x}) &= g_k(\mathbf{x}) \end{aligned} \tag{1.9}$$

zusammengefasst, so enthält die Lösungsmenge des Gleichungssystems nur die Binärvektoren, die in allen Lösungsmengen der einzelnen Gleichungen vorkommen (Durchschnitt).

1.2 Ableitungsoperationen

Die Ableitungsoperationen gehören neben den Differentialoperationen zum Kern des „Booleschen Differentialkalküls“. Dieser Begriff ist in gewissem Sinne irreführend, da $\mathbb{B}^n$ eine endliche diskrete Menge ist. Es wird hier der Begriff der Änderung in den Mittelpunkt gestellt, den man mit Hilfe einer Differenz (hier die *Antivalenz*) einfangen kann.

Die Entwicklung dieser Theorie [1] hat eine lange Geschichte [9]. Für zahlreiche Anwendungen [5], [8], [9], [11] war es wichtig, dass parallel hierzu ein umfangreiches Programmsystem XBOOLE [2], [4] entwickelt wurde, das die Operationen des Booleschen Differentialkalküls auch praktisch handhabbar machte.

Wenn der Wert einer binären Variablen x_i betrachtet wird, dann kann er sich nur von 0 auf 1 oder von 1 auf 0 ändern. Den Einfluss dieser Änderung auf die Funktion $f(\mathbf{x})$ kann man mit Hilfe der *Antivalenz* beschreiben.

Definition 1.4. *Es sei $f(\mathbf{x}) = f(x_1, \ldots, x_i, \ldots, x_n)$ eine Boolesche Funktion von n Variablen, dann ist*

$$\frac{\partial f(\mathbf{x})}{\partial x_i} = f(x_1, \ldots, x_i, \ldots, x_n) \oplus f(x_1, \ldots, \overline{x}_i, \ldots, x_n) \qquad (1.10)$$

*die **(einfache) Ableitung** der Funktion $f(\mathbf{x})$ nach der Variablen x_i,*

$$\min_{x_i} f(x_i, \mathbf{x}_1) = f(x_1, \ldots, x_i, \ldots, x_n) \wedge f(x_1, \ldots, \overline{x}_i, \ldots, x_n) \qquad (1.11)$$

*das **(einfache) Minimum** der Funktion $f(\mathbf{x})$ nach der Variablen x_i und*

$$\max_{x_i} f(x_i, \mathbf{x}_1) = f(x_1, \ldots, x_i, \ldots, x_n) \vee f(x_1, \ldots, \overline{x}_i, \ldots, x_n) \qquad (1.12)$$

*das **(einfache) Maximum** der Funktion $f(\mathbf{x})$ nach der Variablen x_i.*

Tabelle 1.3 Berechnung einer einfachen Ableitung

x_1	x_2	x_3	$f(x_1=0)$	x_1	x_2	x_3	$f(x_1=1)$	$\frac{\partial f(\mathbf{x})}{\partial x_1}$
0	0	0	0	1	0	0	1	1
0	0	1	0	1	0	1	0	0
0	1	0	0	1	1	0	1	1
0	1	1	1	1	1	1	1	0

Die Berechnung von Ableitungsoperationen kann unter Verwendung von Mengen erfolgen. Als Beispiel betrachten wir

$$f(x_1, x_2, x_3) = x_1\overline{x}_3 \vee x_2x_3 \tag{1.13}$$

und wählen $x_i = x_1$. Nun werden die Elemente von $\mathbb{B}^3$ gemäß $x_1 = 0$ und $x_1 = 1$ sortiert und entsprechend der Tabelle 1.3 zusammen mit den Funktionswerten dargestellt. Die Ableitung nimmt den Wert 1 an, wenn sich die Funktionswerte für $f(x_1 = 0)$ und $f(x_1 = 1)$ voneinander unterscheiden. Andernfalls, wenn die Funktionswerte konstant (d.h., gleich 0 oder gleich 1) sind, dann ist die Ableitung gleich 0. Für die Funktion (1.13) ergibt sich aus der Tabelle 1.3: $\frac{\partial f(\mathbf{x})}{\partial x_1} = \overline{x}_3$.

Man kann auch direkt mit einer Formeldarstellung arbeiten.

Beispiel 1.3. *Als Ableitung der Funktion* $f(\mathbf{x})$ (1.13) *ergibt sich nach der Definition* (1.10):

$$\begin{aligned}\frac{\partial f(x_1, x_2, x_3)}{\partial x_1} &= (x_1\overline{x}_3 \vee x_2x_3) \oplus (\overline{x}_1\overline{x}_3 \vee x_2x_3) \\ &= x_1\overline{x}_3 \oplus x_2x_3 \oplus \overline{x}_1\overline{x}_3 \oplus x_2x_3 \\ &= (x_1 \oplus \overline{x}_1)\overline{x}_3 \\ &= \overline{x}_3\ . \end{aligned} \tag{1.14}$$

Tabelle 1.4 Berechnung eines einfachen Minimums

x_1	x_2	x_3	$f(x_1 = 0)$	x_1	x_2	x_3	$f(x_1 = 1)$	$\min_{x_1} f(\mathbf{x})$
0	0	0	0	1	0	0	1	0
0	0	1	0	1	0	1	0	0
0	1	0	0	1	1	0	1	0
0	1	1	1	1	1	1	1	1

Tabelle 1.5 Berechnung eines einfachen Maximums

x_1	x_2	x_3	$f(x_1 = 0)$	x_1	x_2	x_3	$f(x_1 = 1)$	$\max_{x_1} f(\mathbf{x})$
0	0	0	0	1	0	0	1	1
0	0	1	0	1	0	1	0	0
0	1	0	0	1	1	0	1	1
0	1	1	1	1	1	1	1	1

Verknüpft man die beiden Spalten $f(x_1 = 0)$ und $f(x_1 = 1)$ durch $\wedge$, so wird das (einfache) Minimum (1.11) von f berechnet. In der Tabelle 1.4 erkennt man, dass sowohl $f(x_i = 0)$ als auch $f(x_i = 1)$ gleich 1 sein muss, damit das Minimum den Wert 1 annimmt.

Schließlich ist das (einfache) Maximum (1.12) gleich 0, wenn die beiden Funktionswerte gleich 0 sind. Die Tabelle 1.5 zeigt die Berechnung des Maximums für die gleiche Beispielfunktion (1.13), wobei die Disjunktion $\vee$ für die Verknüpfung der Funktionswerte verwendet wird.

Die Frage, ob die Änderung einer Variablen den Funktionswert ändert oder ihn konstant (gleich 0 oder gleich 1) lässt, kann also mit Hilfe dieser drei einfachen Ableitungsoperationen zufriedenstellend beantwortet werden.

Die Änderung des Wertes ist nicht auf eine Variable allein beschränkt.

Vektorielle Ableitungen beschreiben die Situation, dass sich mehrere Variable gleichzeitig ändern.

Definition 1.5. *Es seien* $\mathbf{x}_0 = (x_1, x_2, ..., x_k)$, $\mathbf{x}_1 = (x_{k+1}, x_{k+2}, ..., x_n)$ *zwei disjunkte Mengen von Booleschen Variablen und* $f(\mathbf{x}_0, \mathbf{x}_1) = f(\mathbf{x})$ *eine Boolesche Funktion von* n *Variablen, dann ist*

$$\frac{\partial f(\mathbf{x}_0, \mathbf{x}_1)}{\partial \mathbf{x}_0} = f(\mathbf{x}_0, \mathbf{x}_1) \oplus f(\overline{\mathbf{x}}_0, \mathbf{x}_1) \tag{1.15}$$

die ***vektorielle Ableitung*** *der Funktion* $f(\mathbf{x}_0, \mathbf{x}_1)$ *nach den Variablen von* $\mathbf{x}_0$,

$$\min_{\mathbf{x}_0} f(\mathbf{x}_0, \mathbf{x}_1) = f(\mathbf{x}_0, \mathbf{x}_1) \wedge f(\overline{\mathbf{x}}_0, \mathbf{x}_1) \tag{1.16}$$

das ***vektorielle Minimum*** *der Funktion* $f(\mathbf{x}_0, \mathbf{x}_1)$ *nach den Variablen von* $\mathbf{x}_0$ *und*

$$\max_{\mathbf{x}_0} f(\mathbf{x}_0, \mathbf{x}_1) = f(\mathbf{x}_0, \mathbf{x}_1) \vee f(\overline{\mathbf{x}}_0, \mathbf{x}_1) \tag{1.17}$$

das ***vektorielle Maximum*** *der Funktion* $f(\mathbf{x}_0, \mathbf{x}_1)$ *nach den Variablen von* $\mathbf{x}_0$.

Alle drei vektoriellen Ableitungsoperationen hängen im Allgemeinen von allen Variablen $\mathbf{x} = (\mathbf{x}_0, \mathbf{x}_1)$ ab. Ein Funktionswert 1 der vektoriellen Ableitung zeigt an, dass sich der Wert von $f(\mathbf{x}_0, \mathbf{x}_1)$ ändert, falls alle Variablen von $\mathbf{x}_0$ ihren Wert gleichzeitig ändern. Zur Berechnung der vektoriellen Ableitung von der Funktion $f(x_1, x_2, x_3)$ (1.13) nach den Variablen (x_2, x_3) hilft die Anordnung der Vektoren von $\mathbb{B}^3$ entsprechend der Tabelle 1.6.

Da das Ergebnis jeder einfachen Ableitungsoperation wiederum eine Boolesche Funktion ist, kann man sie auch miteinander kombinieren. Durch m-fache Ableitungsoperationen werden nicht mehr die Eigenschaften von Funktionswertepaaren untersucht, sondern die Eigenschaften einer Funktion in einem Unterraum.

Tabelle 1.6 Berechnung einer vektoriellen Ableitung

x_1	x_2	x_3	$f(x_1=0)$	x_1	x_2	x_3	$f(x_1=1)$	$\frac{\partial f(x_1,x_2,x_3)}{\partial(x_2,x_3)}$
0	0	0	0	0	1	1	1	1
0	0	1	0	0	1	0	0	0
1	0	0	1	1	1	1	1	0
1	0	1	0	1	1	0	1	1

Definition 1.6. *Für $\mathbf{x}_0 = (x_1, x_2, ..., x_m)$, $\mathbf{x}_1 = (x_{m+1}, x_{m+2}, ..., x_n)$ und $f(\mathbf{x}_0, \mathbf{x}_1) = f(x_1, x_2, ..., x_n) = f(\mathbf{x})$ ist*

$$\frac{\partial^m f(\mathbf{x}_0, \mathbf{x}_1)}{\partial x_1 \partial x_2 \dots \partial x_m} = \frac{\partial}{\partial x_m}\left(\dots\left(\frac{\partial}{\partial x_2}\left(\frac{\partial f(\mathbf{x}_0, \mathbf{x}_1)}{\partial x_1}\right)\right)\dots\right) \tag{1.18}$$

*die m-**fache Ableitung** von $f(\mathbf{x}_0, \mathbf{x}_1)$ nach den Variablen von $\mathbf{x}_0$,*

$$\min_{\mathbf{x}_0}{}^m f(\mathbf{x}_0, \mathbf{x}_1) = \min_{x_m}\left(\dots\left(\min_{x_2}\left(\min_{x_1} f(\mathbf{x}_0, \mathbf{x}_1)\right)\right)\dots\right) \tag{1.19}$$

*das m-**fache Minimum** von $f(\mathbf{x}_0, \mathbf{x}_1)$ nach den Variablen von $\mathbf{x}_0$ und*

$$\max_{\mathbf{x}_0}{}^m f(\mathbf{x}_0, \mathbf{x}_1) = \max_{x_m}\left(\dots\left(\max_{x_2}\left(\max_{x_1} f(\mathbf{x}_0, \mathbf{x}_1)\right)\right)\dots\right) \tag{1.20}$$

*das m-**fache Maximum** von $f(\mathbf{x}_0, \mathbf{x}_1)$ nach den Variablen von $\mathbf{x}_0$.*

Eine Kombination aus dem m-fachen Minimum und dem m-fachen Maximum hat sich als relativ wichtig erwiesen. Deshalb hat man für sie eine eigene Sprechweise eingeführt.

Definition 1.7. *Für eine Funktion $f(\mathbf{x}_0, \mathbf{x}_1)$ ist*

$$\Delta_{\mathbf{x}_0} f(\mathbf{x}_0, \mathbf{x}_1) = \min_{\mathbf{x}_0}{}^m f(\mathbf{x}_0, \mathbf{x}_1) \oplus \max_{\mathbf{x}_0}{}^m f(\mathbf{x}_0, \mathbf{x}_1) \tag{1.21}$$

*die **Δ-Operation** der Funktion $f(\mathbf{x}_0, \mathbf{x}_1)$ bezüglich der Variablen von $\mathbf{x}_0$.*

Alle m-fachen Ableitungsoperationen sind Boolesche Funktionen. Für die praktische Anwendung ist es von großem Vorteil, dass die m-fachen Ableitungsoperationen nicht mehr von den Variablen $\mathbf{x}_0$ abhängen, nach denen sie gebildet wurden. Im Einzelnen besitzen die m-fachen Ableitungsoperationen folgende Bedeutung:

- Die m-fache Ableitung nimmt für solche Teilräume $\mathbf{x}_1 = \text{const}$ den Wert 1 an, in denen die Funktion $f(\mathbf{x}_0, \mathbf{x}_1)$ eine ungerade Anzahl von Funktionswerten 1 aufweist.

- Das m-fache Minimum nimmt für solche Teilräume $\mathbf{x}_1 = \text{const}$ den Wert 1 an, in denen alle Funktionswerte der Funktion $f(\mathbf{x}_0, \mathbf{x}_1)$ den Wert 1 besitzen. Mit dem m-fachen Minimum können somit Sachverhalte beschrieben werden, für die ansonsten der *Allquantor* $\forall$ (*für alle*) erforderlich wäre.

- Das m-fache Maximum nimmt für solche Teilräume $\mathbf{x}_1 = \text{const}$ den Wert 1 an, in denen die Funktion $f(\mathbf{x}_0, \mathbf{x}_1)$ wenigstens einmal den Wert 1 annimmt. Mit dem m-fachen Maximum können somit Sachverhalte beschrieben werden, für die der *Existenzquantor* $\exists$ (*es gibt*) erforderlich wäre.

- Man überlegt sich leicht, dass die Δ-Operation in den Unterräumen $\mathbf{x}_1 = \text{const}$ den Funktionswert 1 annimmt, in denen die Funktion $f(\mathbf{x}_0, \mathbf{x}_1)$ nicht konstant ist.

1.3 Konzepte von XBOOLE

Datenstruktur Ternärvektorliste (TVL). Wenn in einer Booleschen Gleichung n Variablen vorkommen, so kann ihre Lösungsmenge bis zu 2^n Binärvektoren enthalten. Mit dem Ziel der kompakten Darstellung solcher Mengen werden in XBOOLE *Ternärvektorlisten* (TVL) verwendet. Eine Ternärvektorliste kann man aus einer Liste von Binärvektor durch die wiederholte Anwendung der folgenden beiden Regel erzeugen:

- Unterscheiden sich zwei Binärvektoren nur in einer Position (Werte 0 und 1), so kann man diese Binärvektoren durch einen Ternärvektor darstellen, der an dieser Position das Element – enthält und die Elemente aller anderen Positionen unverändert lässt.

- Unterscheiden sich zwei Ternärvektoren nur in einer Position (Werte 0 und 1), so kann man diese Vektoren durch einen Ternärvektor darstellen, der an dieser Position das Element – enthält und die Elemente aller anderen Positionen unverändert lässt.

Beispiel 1.4. *In der Menge M aus sieben Binärvektoren gibt es drei Paare von Binärvektoren die zu Ternärvektoren zusammengefasst werden können. Zwei dieser Ternärvektoren werden zu einem Ternärvektor mit zwei Elementen – zusammengefasst, so dass drei Ternärvektoren zur Darstellung der Menge M genügen.*

$$M = \begin{array}{ccccc} a & b & c & d & e \\ \hline 0 & 0 & 0 & 1 & 1 \\ 0 & 0 & 1 & 1 & 1 \\ 0 & 1 & 1 & 0 & 0 \\ 0 & 1 & 1 & 1 & 0 \\ 1 & 1 & 0 & 0 & 0 \\ 1 & 0 & 0 & 1 & 1 \\ 1 & 0 & 1 & 1 & 1 \\ \hline \end{array} = \begin{array}{ccccc} a & b & c & d & e \\ \hline 0 & 0 & - & 1 & 1 \\ 0 & 1 & 1 & - & 0 \\ 1 & 1 & 0 & 0 & 0 \\ 1 & 0 & - & 1 & 1 \\ \hline \end{array} = \begin{array}{ccccc} a & b & c & d & e \\ \hline - & 0 & - & 1 & 1 \\ 0 & 1 & 1 & - & 0 \\ 1 & 1 & 0 & 0 & 0 \\ \hline \end{array}$$

Orthogonalität. Die Binärvektorliste der Menge M im Beispiel 1.4 enthält keinen Binärvektor mehrfach. Diese Binärvektoren sind zueinander *orthogonal*. Beim Zusammenfassen der Binärvektoren wurde im Beispiel 1.4 kein Binärvektor mehrfach verwendet, so dass auch die drei entstandenen Ternärvektoren orthogonal zueinander sind. In XBOOLE werden bevorzugt orthogonale Ternärvektorlisten verwendet. Ein Ternärvektor mit s Strichelementen beschreibt 2^s Binärvektoren. Für eine orthogonale TVL kann man diese Zweierpotenzen einfach addieren, um die Anzahl der in der TVL enthalten Binärvektoren zu ermitteln. Für das Beispiel 1.4 ergibt sich: $2^2 + 2^1 + 2^0 = 4 + 2 + 1 = 7$.

Berechnung von Mengen. XBOOLE verwendet Ternärvektorlisten nicht nur zur kompakten Speicherung von Mengen, sondern führt auch Mengenoperationen direkt mit den Ternärvektoren der zu verknüpfenden Ternärvektorlisten aus, ohne die Ternärvektoren temporär wieder in die enthaltenen Binärvektoren zu zerlegen. Die direkte Verarbeitung von Ternärvektoren wird durch die Speicherung eines Ternärvektors durch zwei Binärvektoren ermöglicht. Dabei wird die in der Tabelle 1.7 dargestellte *Kodierung* verwendet, mit der die Mengenoperationen mit wenigen Booleschen Operationen ausgeführt werden können.

Tabelle 1.7 Kodierung der Ternärelemente mit zwei Booleschen Werten

t_i	a_i	b_i
0	0	1
1	1	1
–	0	0

Parallele Berechnung. Zur Entscheidung über die weiter auszuführenden Schritte muss XBOOLE sehr häufig prüfen, ob zwei Ternärvektoren orthogonal zueinander sind. Die ternären Werte von t_i und t_j sind nicht orthogonal zueinander, wenn für ihre binäre Kodierung nach der Tabelle

1.7 gilt:

$$b_i \wedge b_j \wedge (a_i \oplus a_j) = 0 \; . \tag{1.22}$$

Wenn die Anzahl der Variablen nicht größer ist als die Anzahl der Bits in einem Maschinenwort des Computers, führt XBOOLE diese Überprüfung für alle Elemente der Ternärvektoren $\mathbf{t}_i$ und $\mathbf{t}_j$ durch drei Bit-Operationen parallel für alle Elemente des Ternärvektors aus:

$$\mathbf{b}_i \wedge \mathbf{b}_j \wedge (\mathbf{a}_i \oplus \mathbf{a}_j) = 0 \; . \tag{1.23}$$

Die Menge der Binärvektoren, die sich als Durchschnitt der Mengen von Binärvektoren zweier nichtorthogonaler Ternärvektoren $\mathbf{t}_i$ und $\mathbf{t}_j$ ergeben, kann mit einem Ternärvektor $\mathbf{t}_d$ dargestellt werden; für die Berechnung von $\mathbf{t}_d$ genügen zwei Bit-Operationen, die ebenfalls parallel für alle Elemente der Ternärvektoren ausgeführt werden:

$$\mathbf{a}_d = \mathbf{a}_i \vee \mathbf{a}_j \; , \tag{1.24}$$

$$\mathbf{b}_d = \mathbf{b}_i \vee \mathbf{b}_j \; . \tag{1.25}$$

Beschränkte sequentielle Berechnung. Wenn die Anzahl der Variablen größer ist als die Bits in einem Maschinenwort des Computers, verwendet XBOOLE mehrere Paare von $(\mathbf{a}, \mathbf{b})$-Worten. Um festzustellen, ob zwei solche Ternärvektoren orthogonal zueinander sind, wird die Berechnung von (1.23) sequentiell für die vorhandenen Paare von $(\mathbf{a}, \mathbf{b})$-Worten vorgenommen. Diese sequentielle Berechnung wird abgebrochen, sobald die Bedingung (1.23) nicht erfüllt wird, da die erkannte Orthogonalität für die gesamten Ternärvektoren gilt. Durch diese beschränkte sequentielle Berechnung können auch Probleme mit einer sehr großen Anzahl Boolescher Variablen effizient gelöst werden.

Raumkonzept. Bei der Lösung Boolescher Probleme können sehr viele Boolesche Variablen vorkommen. Die Anzahl der Booleschen Variablen wird durch XBOOLE *nicht* beschränkt. Würde man alle Booleschen

Variablen einem Booleschen Raum zuordnen, so wären sehr lange Ternärvektoren und ein extrem hoher Speicherbedarf die Folge. XBOOLE überwindet dieses Problem dadurch, dass *beliebig viele Boolesche Räume* mit einer *jeweils frei wählbaren Anzahl von Variablen* durch den Nutzer definiert werden können. Das Definieren eines Booleschen Raums muss natürlich vor seiner Nutzung erfolgen.

Solange die vorgegebene Variablenanzahl für einen Booleschen Raum noch nicht erreicht ist, können dem Booleschen Raum weitere Variablen hinzugefügt werden. Dadurch wird jeder Booleschen Variable für den Raum eindeutig eine Bit-Position in einem Maschinenwort zugeordnet. Zeitaufwendige Anpassungen von Bit-Positionen werden dadurch für Ternärvektorlisten innerhalb eines Booleschen Raums vermieden und die parallele Verarbeitung entsprechend (1.23), (1.24) oder (1.25) kann unmittelbar erfolgen. Mit einer Ausnahme werden deshalb alle XBOOLE-Operationen für Objekte des gleichen Booleschen Raums ausgeführt.

Die einzige XBOOLE-Operation, bei der zwei Boolesche Räume beteiligt sind, ist `space_trans`. Mit dieser Operation kann ein XBOOLE-Objekt (z.B. eine Ternärvektorliste) aus einem Booleschen Raum in einen anderen Booleschen Raum übertragen werden. Dabei werden die erforderlichen Anpassungen der Bit-Positionen vorgenommen. Falls die beteiligten Booleschen Variablen im Zielraum noch nicht vorhanden sind, so werden sie dort unter Berücksichtigung der vorgegebenen Grenze ergänzt.

Fachsystem. Der erforderliche Speicherplatz für eine Ternärvektorliste kann in Abhängigkeit von der Anzahl der Variablen extrem unterschiedlich sein. XBOOLE nimmt dem Nutzer den Aufwand zur Abschätzung des erforderlichen Speicherbedarfs ab und sorgt für eine optimale Wiederverwendung aktuell nicht benötigter Speicherressourcen. Dazu lässt sich XBOOLE vom Betriebssystem einen angemessen großen Speicherbereich übergeben, teilt diesen in Fächer mit fester Größe ein und verwendet je nach Bedarf ein oder mehrere Fächer für ein XBOOLE-Objekt. Wird ein

XBOOLE-Objekt gelöscht, so werden diese Fächer einfach wieder mit der vom XBOOLE-Fachsystem verwalteten Liste freier Fächer verbunden und stehen zur erneuten Verwendung zur Verfügung. Alle XBOOLE-Operationen greifen unmittelbar auf die Daten in diesen Fächern zu.

Semantisch zusammengehörige Fächer beschreiben jeweils ein XBOOLE-Objekt. Als wichtiges XBOOLE-Objekt haben wir bereits die Ternärvektorliste kennengelernt. Zur Steuerung von einigen XBOOLE-Operationen werden geordnete Mengen von Variablen benötigt. Jede dieser Mengen wird als XBOOLE-Objekt *Variablentupel* ebenfalls im den Fächern des XBOOLE-Fachsystems gespeichert. XBOOLE vermerkt die Bedeutung der XBOOLE-Objekte durch einen vereinbarten Code, der in den Fächern an einer festen Stelle gespeichert wird. Die drei grundlegenden Objekte des XBOOLE-Systems sind:

1. die *Variablenliste*: hier werden die Namen aller verwendeten Booleschen Variablen gespeichert,

2. die *Raumliste*: hier werden Verweise auf alle vom Nutzer definierten Booleschen Räume gespeichert und

3. die *Speicherliste*: hier werden Verweise auf die vom Nutzer angelegten und zur permanenten Speicherung vorgesehenen *Ternärvektorlisten* und *Variablentupel* (geordnete Menge von Booleschen Variablen) gespeichert.

Formprädikat von Ternärvektorlisten. Eine Ternärvektorliste kann nicht nur eine Menge von Binärvektoren in kompakter Weise speichern, sonder unmittelbar auch den Ausdruck einer Booleschen Funktion in einer der vier Grundformen darstellen. Die vorliegende Form wird von XBOOLE zusätzlich im Code des XBOOLE-Objekts vermerkt, falls es sich um eine Ternärvektorliste handelt. Die Formprädikate für nichtorthogonale TVL in den vier Grundformen sind:

- D: disjunktive Form,
- K: konjunktive Form,
- A: Antivalenz-Form und
- E: Äquivalenz-Form.

Im Ausdruck einer orthogonalen disjunktiven Form können die Operationszeichen $\vee$ (Disjunktion) durch die Operationszeichen $\oplus$ (Antivalenz) ersetzt werden, ohne dass sich die dargestellte Boolesche Funktion ändert. Diese Eigenschaft wird in XBOOLE bevorzugt genutzt. Eine TVL mit dieser Eigenschaft erhält das Formprädikat ODA. Anlog erhält eine TVL in orthogonaler konjunktiver Form bzw. Äquivalenz-Form das Formprädikat OKE.

Tabelle 1.8 Mengenoperationen $\Leftrightarrow$ Boolesche Operationen

XBOOLE-	Mengenoperation		Boolesche Operation	
Operation	Bezeichnung	Formel	Formel	Bezeichnung
`cpl`	Komplement	$\overline{F}$	$\overline{f}$	Negation
`isc`	Durchschnitt	$F \cap G$	$f \wedge g$	Konjunktion
`uni`	Vereinigung	$F \cup G$	$f \vee g$	Disjunktion
`dif`	Differenz	$F \setminus G$	$f \wedge \overline{g}$	Differenz
`syd`	symmetrische Differenz	$F \Delta G$	$f \oplus g$	Antivalenz
`csd`	Komplement der symmetrischen Differenz	$F \overline{\Delta} G$	$f \odot g$	Äquivalenz

Die Formprädikate werden beim Ausführen von XBOOLE-Operationen berücksichtigt und müssen bestimmte Kriterien erfüllen. Mengenoperationen setzen (mit wenigen Ausnahmen) orthogonale Ternärvektorlisten voraus. Mit der bisher verwendeten Interpretation werden Mengen von Binärvektoren als ODA-Form verarbeitet. Durch die Interpretation einer TVL in ODA-Form als Boolescher Ausdruck in disjunktiver oder Antivalenz-Form realisieren die Mengenoperationen die in der Tabelle 1.8 angegeben logischen Operationen.

Portable Bibliothek als Softwareprodukt. XBOOLE umfasst etwas mehr als 100 Funktionen, die universell zur effizienten Lösung Boolescher Probleme angewendet werden können. Diese optimierten Funktionen wurden in C programmiert und stehen als Softwareprodukt in Programmbibliotheken für viele Plattformen zur Verfügung. Die XBOOLE-Funktionen können direkt in C oder C++, aber auch in anderen Programmiersprachen verwendet werden. Alle Eigenschaften der XBOOLE-Funktionen und die Regeln ihrer Anwendung sind in [4] dokumentiert. Anregungen zur Anwendung von XBOOLE findet man unter anderem in [2], [4].

Der XBOOLE-Monitor als „Boolescher Taschenrechner“. Zur einfachen Anwendung der XBOOLE-Bibliothek ohne spezielle Kenntnisse in der Programmierung wurde der frei verfügbare *XBOOLE-Monitor* entwickelt. Er wird intensiv in der Lehre an Hochschulen eingesetzt und eignet sich hervorragend zur praktischen Ausführung von Lösungsalgorithmen für ein sehr breites Spektrum von Booleschen Problemen. Aus diesem Grund beschränken wir uns in dieser Starthilfe auch auf die Anwendung des XBOOLE-Monitors und geben im Abschnitt 1.4 eine kurze Einführung.

Der XBOOLE-Monitor nimmt dem Nutzer aufwendige Boolesche Berechnungen und Konvertierungen von Daten ab, er fördert das Durchdenken von Lösungsstrategien. Anregungen zu einer große Anzahl von Algorithmen zur Lösung spezieller Anwendungsprobleme findet man in [2]. Das Buch [11] enthält viele Aufgaben und deren Lösung unter Verwendung des XBOOLE-Monitors.

1.4 XBOOLE-Monitor

Wir haben bereits mehrfach die exponentielle Komplexität Boolescher Probleme festgestellt. Man muss sich also bei der Lösung praktischer Aufgaben auf die Unterstützung durch geeignete Software und entsprechende Computer stützen. Seit den 80er Jahren wurde das Programmsystem XBOOLE entwickelt, das die Lösung Boolescher Probleme maximal unterstützt. Eine Dokumentation aller XBOOLE-Funktionen findet man beispielsweise in [4]. Besonders hilfreich für die Lösung kleinerer Probleme und für die Ausbildung ist der **XBOOLE-Monitor**, den man von

`http://www.informatik.tu-freiberg.de/xboole/`

herunterladen kann. Es ist keine Installation erforderlich. Die heruntergeladene Datei `XBOOLEMonitor.zip` wird einfach in ein Verzeichnis entpackt. Dieses Verzeichnis enthält nach dem Entpacken die in der Tabelle 1.9 angegebenen Dateien. Die ausführbare Datei des XBOOLE-Monitors ist `xbm32.exe`. Der XBOOLE-Monitor kann sofort gestartet werden und wählt automatisch die Sprache des verwendeten Windows-Betriebssystems (deutsch oder englisch).

Tabelle 1.9 Bedeutung der Dateien im Verzeichnis des XBOOLE-Monitors

Name der Datei	Bedeutung der Datei
`xbm32.cnt`	Inhalt der verwendeten Hilfedatei
`xbm32.exe`	ausführbare Datei des XBOOLE-Monitors
`xbm32.hlp`	benutzte Hilfedatei
`xbm32_e.cnt`	Inhalt der verwendeten englischen Hilfedatei
`xbm32_e.hlp`	Hilfedatei auf Englisch
`xbm32_g.cnt`	Inhalt dee verwendeten deutschen Hilfedatei
`xbm32_g.hlp`	Hilfedatei auf Deutsch

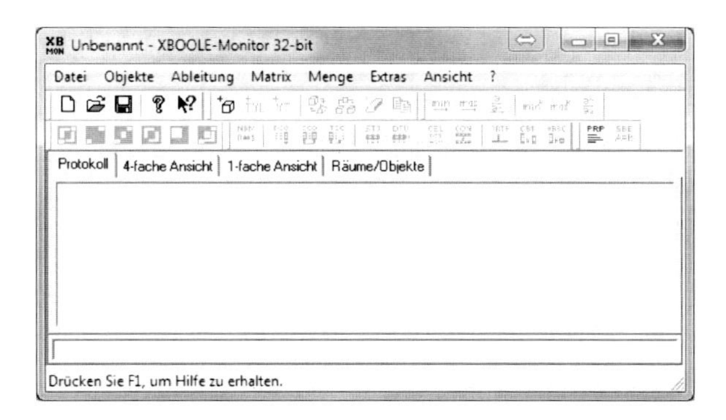

Abbildung 1.1 Fensterstruktur des XBOOLE-Monitors

Die Abbildung 1.1 zeigt den XBOOLE-Monitor auf dem Bildschirm. Mit seiner Funktionsweise muss man sich gründlich vertraut machen.

Zur Steuerung der gewünschten Aktionen des XBOOLE-Monitors kann man alternativ das Menü, die Symbolleisten, die Kommandozeile oder ein XBOOLE-Problemprogramm verwenden. Die oberste Zeile des Fensters zeigt das Symbol für das Programm, den Namen der zuletzt verwendeten Datei und den Titel des Programms *XBOOLE-Monitor 32-bit*. Wenn als Dateiname *Unbenannt* steht, dann bedeutet das, dass bisher keine Datei benutzt wurde. Ansonsten steht dort ein Dateiname mit der Endung `sdt`.

Eine solche `sdt`-Datei kann gespeichert und auch wieder geladen werden. Man kann also die Arbeit an einer gewissen Stelle unterbrechen und später wieder fortsetzen. Eine `sdt`-Datei kann auch zum Datenaustausch zwischen dem XBOOLE-Monitor und einem anderen XBOOLE-Programm verwendet werden.

Unter der Titelzeile findet man eine *Menüzeile*, mit der man die Arbeit des Monitors steuern kann; von links nach rechts erkennt man

`Datei - Objekte - Ableitung - Matrix - Menge - Extras - ?`

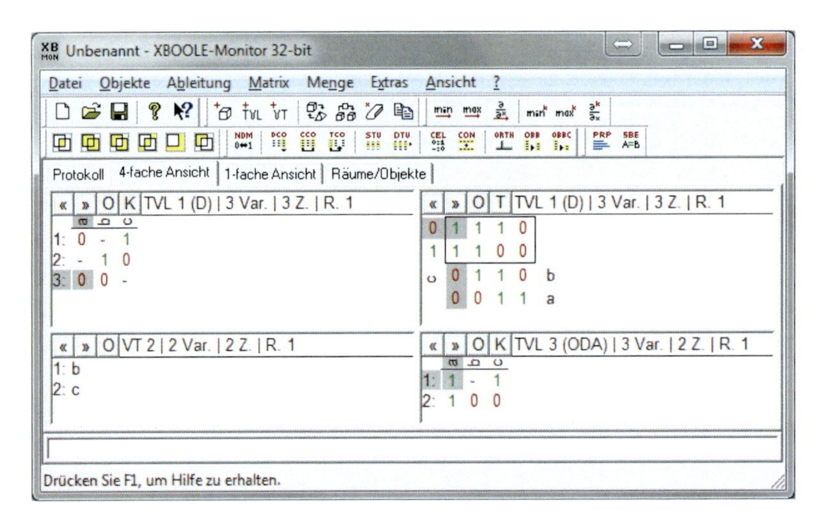

Abbildung 1.2 Beispiel für eine vierfache Ansicht im XBOOLE-Monitor

Die verschiedenen Punkte des Menüs werden mit der Maus angeklickt, in dem sich dann öffnenden vertikalen Untermenü kann man die gewünschte Aktion mit einem Mausklick starten. Die meisten diese Aktionen kann man, wenn man mit der Arbeitsweise des Monitors etwas vertrauter ist, in den darauf folgenden Symbolleisten direkt auswählen. Diese Symbolleisten kann man mit Hilfe des Menüpunktes `Ansicht - Symbolleisten` wahlweise anzeigen oder verbergen.

Im Arbeitsbereich kann man mit einen Maus-Klick eine der vier Ansichten wählen. Das erste Feld `Protokoll` gibt Zugang zu einem Protokoll der bisher ausgeführten Operationen, die automatisch (als Kommandos) aufgezeichnet werden. Das Protokoll kann gespeichert werden, um es später erneut zu verwenden. Solch eine Folge von Kommandos wird als *Problemprogramm* oder kurz als *PRP* bezeichnet.

Die nächsten beiden Felder erlauben es, wahlweise zwischen der Darstellung *eines* Objektes (z.B. einer TVL) und der Darstellung von *vier* Objekten, die in irgendeinem Zusammenhang stehen, umzuschalten. In jeder Ansicht gibt es einen Editier-Modus, in dem man die Elemente einer TVL editieren kann.

Die Abbildung 1.2 zeigt ein Beispiel einer solchen vierfachen Ansicht. Oben links sieht man eine TVL in disjunktiver Form, die von drei Variablen abhängt, aus drei Zeilen besteht und im ersten Raum definiert ist. Oben rechts ist der Karnaugh-Plan dieser Booleschen Funktion dargestellt. Mit den beiden Feldern `T` und `K` kann man zwischen der TVL-Darstellung und dem Karnaugh-Plan einer Funktion wechseln. Das Feld unten links zeigt ein zweites Objekt, ein Variablentupel VT von zwei Variablen, das in dem ersten Raum eine Rolle spielen könnte. Schließlich kann man unten rechts ein drittes Objekt sehen, eine TVL in orthogonaler disjunktiver Antivalenz-Form (ODA), die von drei Variablen abhängt, aus zwei Zeilen besteht und im ersten Raum definiert ist. Sie wurde als Komplement der ersten TVL berechnet.

Das vierte Feld *Räume/Objekte* aktiviert eine Übersicht für alle Objekte, die aktuell im XBOOLE-Monitor gespeichert sind. Die Objekte werden durch ihre Haupteigenschaften charakterisiert.

Unter den bisherigen Darstellungen findet man noch eine Kommandozeile, in der man die Ausführung von Operationen direkt als Befehl angeben kann. Hierzu muss man allerdings die Befehle kennen, die man ausführen möchte. Eine einfache Möglichkeit, diese Befehle kennenzulernen, besteht im Studium des Hilfssystems. Noch einfacher ist es, die Operationen einmal mit Hilfe des Menüs auszuführen und sich die Befehle im Protokoll anzusehen. Eine kontext-sensitive Hilfe unterstützt den Nutzer beim Eingeben von Kommandos zusätzlich. Schließlich gibt es noch eine letzte Zeile, in der Informationen des Hilfe-Systems angezeigt werden.

Für die Arbeit mit einem solchen System gilt wie immer, dass man eine Weile üben muss, bis man es sicher beherrscht. Deshalb kommt dem Durcharbeiten der Beispiele und Aufgaben eine große Rolle zu.

1.5 Aufgaben

Aufgabe 1.1. Laden Sie den XBOOLE-Monitor unter Verwendung der auf der Seite 28 angegebenen URL auf Ihren Windows-Rechner herunter und entpacken Sie die erhaltene Datei `XBOOLEMonitor.zip` in ein Verzeichnis Ihrer Wahl. Starten Sie den XBOOLE-Monitor `xbm32.exe` und darin das Hilfesystem durch den Menüpunkt `? - Hilfethemen`. Informieren Sie sich über alle Menüpunkte, Symbolleisten und Befehle.

Hinweis: Sollte auf Ihrem Rechner die Hilfedatei nicht angezeigt werden, so fehlt in Ihrem Windowssystem die Komponente zur Anzeige von `hlp`-Dateien, die bis zu Windows XP fester Bestandteil des Betriebssystems war. Mit der Google-Anfrage *hlp Dateien öffnen* finden Sie Hinweise zur notwendigen Erweiterung Ihres Systems.

Aufgabe 1.2. Gegeben sind vier Boolesche Funktionen durch Ausdrücke in D-, A-, K- bzw. E-Form:

$$\begin{aligned}
f_1(x_1,x_2,x_3,x_4,x_5) &= x_1x_3\overline{x}_5 \vee \overline{x}_4x_5 \vee x_2x_5 \ , \\
f_2(x_1,x_2,x_3,x_4,x_5) &= x_1x_3\overline{x}_5 \oplus \overline{x}_4x_5 \oplus x_2x_5 \ , \\
f_3(x_1,x_2,x_3,x_4,x_5) &= (x_1 \vee x_3 \vee \overline{x}_5) \wedge (\overline{x}_4 \vee x_5) \wedge (x_2 \vee x_5) \ , \\
f_4(x_1,x_2,x_3,x_4,x_5) &= (x_1 \vee x_5) \odot (x_2 \vee \overline{x}_4 \vee \overline{x}_5) \odot (\overline{x}_1 \vee x_3 \vee x_5) \ .
\end{aligned}$$

Analysieren Sie, ob zwei dieser Funktionen identisch sind.

Lösungshinweis: Verwenden Sie das Menü, die Symbolleisten und die Kommandozeile des XBOOLE-Monitors als alternative Wege zur Lösung dieser Aufgabe. Legen Sie zunächst einen hinreichend großen Booleschen Raum an und erfassen Sie dann die vier Funktionen als Ternärvektorliste mit der gegebenen Form. Formen Sie jede dieser TVL in eine äquivalente ODA-Form um. Eine leere TVL als Ergebnis der XBOOLE-Operation `syd` für die ODA-Formen jeweils zwei dieser Funktionen zeigt an, dass die beiden Funktionen identisch sind. Kontrollieren Sie Ihr Ergebnis durch die Anzeige der Karnaugh-Pläne der ursprünglichen Funktionen.

Aufgabe 1.3. Die Boolesche Funktion $f(\mathbf{x})$ (1.26) ist durch einen Ausdruck definiert, der keiner der vier Grundformen entspricht:

$$f(x_1, x_2, x_3, x_4, x_5) = \overline{((\overline{x}_2 \vee (x_1 \oplus x_3)) \odot x_4)} \wedge (x_5 \to x_2)\ . \qquad (1.26)$$

Für weitere Berechnungen wird eine minimale ODA-Form von dieser Funktion benötigt. Ermitteln Sie diese ODA-Form, indem Sie

a) für jede der fünf Variablen eine elementare TVL anlegen und die den Booleschen Operationen in der Tabelle 1.8 zugeordneten Mengenoperationen anwenden, bzw.

b) eine charakteristische Boolesche Gleichung lösen, in der auf der linken Seite der gegebene Funktionsausdruck steht.

Lösungshinweis: Lösen Sie diese Aufgabe mit dem XBOOLE-Monitor unter Verwendung eines Problemprogramms. Verwenden Sie die XBOOLE-Operation `obbc` zur Minimierung der Lösung. Überzeugen Sie sich davon, dass bei der Eingabe der Booleschen Gleichung der Funktionsausdruck ohne `=1` genügt und begründen Sie diese Beobachtung.

Aufgabe 1.4. Wandeln Sie das System Boolescher Gleichungen

$$\begin{aligned} x_2 \vee \overline{x}_3 &= x_2 \oplus x_5 \\ x_1 \to x_4 &= x_3 \wedge \overline{x}_5 \end{aligned} \qquad (1.27)$$

in eine äquivalente homogene restriktive Boolesche Gleichung um. Weisen Sie mit der `sbe`-Operation des XBOOLE-Monitors nach, dass die Lösungsmengen des Gleichungssystems und der als Ergebnis Ihrer Umformung entstandenen Booleschen Gleichung übereinstimmen.

Lösungshinweis: Verwenden Sie die XBOOLE-Operation `avar`, damit in den Ergebnissen die Variablen in der natürlichen Reihenfolge vorkommen. Legen Sie durch Klammern die Reihenfolge der auszuführenden Operationen fest. Verwenden Sie ein Problemprogramm zur Lösung der Aufgabe. Überzeugen Sie sich durch Anzeige der Karnaugh-Pläne davon, dass die gleiche Menge von Binärvektoren auf unterschiedliche Weise mit Ternärvektoren dargestellt werden kann.

Aufgabe 1.5. Berechnen Sie

a) die einfache Ableitung,

b) das einfache Minimum und

c) das einfache Maximum

der Funktion $f(x_1, x_2, x_3, x_4, x_5)$ (1.26) aus der Aufgabe 1.3 nach x_2 unter Verwendung der XBOOLE-Operationen `derk`, `mink` und `maxk` des XBOOLE-Monitors. Weisen Sie nach, dass gilt:

$$\min_{x_2} f(\mathbf{x}) \leq f(\mathbf{x}) \leq \max_{x_2} f(\mathbf{x}). \tag{1.28}$$

Lösungshinweis: Die Lösungsmengen der Booleschen Ungleichung (1.29) und der restriktiven Booleschen Gleichung (1.30) stimmen überein.

$$g(\mathbf{x}) \leq h(\mathbf{x}) \tag{1.29}$$

$$h(\mathbf{x}) \wedge \overline{g(\mathbf{x})} = 0 \tag{1.30}$$

Zur Berechnung der linken Seite der Booleschen Gleichung (1.30) kann die XBOOLE-Operation `dif` verwendet werden.

2 Anwendungen

2.1 Boolesche Gleichungen

Boolesche Gleichungen können zur Beschreibung und zur Lösung von Aufgaben aus sehr vielen Gebieten verwendet werden. Wir werden deshalb in diesem Abschnitt nur anhand eines sehr einfachen Beispiels zeigen, wie Boolesche Gleichungen und Gleichungssysteme mit Hilfe des XBOOLE-Monitors gelöst werden können. Im Abschnitt 2.2 verwenden wir Boolesche Gleichungen, um Mengen mit bestimmten Eigenschaften zu spezifizieren. Graphen können durch die Menge aller Kanten oder Knoten beschrieben werden. Wir werden also auch im Abschnitt 2.3 Boolesche Gleichungen anwenden. Sowohl das Verhalten als auch die Struktur von digitalen Schaltungen kann mit Booleschen Gleichungen beschrieben werden. Im Abschnitt 2.4 werden wir neben diesen elementaren Anwendungen auch das zur Synthese von Schaltungen erforderliche Auflösen einer Booleschen Gleichung nach einer oder mehreren Variablen behandeln. Boolesche Gleichungen ziehen sich also wie ein roter Faden durch das ganze Kapitel 2 dieses Buches.

Auf den beiden Seiten einer Booleschen Gleichung stehen die Ausdrücke für zwei Boolesche Funktionen. Diese Ausdrücke können beliebige Formen aufweisen. Die Lösung einer Booleschen Gleichung ist die Menge aller Binärvektoren, für die die Werte der Funktionen auf beiden Seiten der Gleichung übereinstimmen. Es muss sich also $0 = 0$ oder $1 = 1$ ergeben.

Der XBOOLE-Monitor enthält einen Modul zum Lösen Boolescher Gleichungen. Dieser wird über den Menüpunkt *Extras-Boolesche Gleichung lösen ...*, die Schaltfläche *SBE* in der Symbolleiste *Extras* oder das Kommando `sbe` aktiviert. Da die Gleichung als Zeichenkette eingegeben wer-

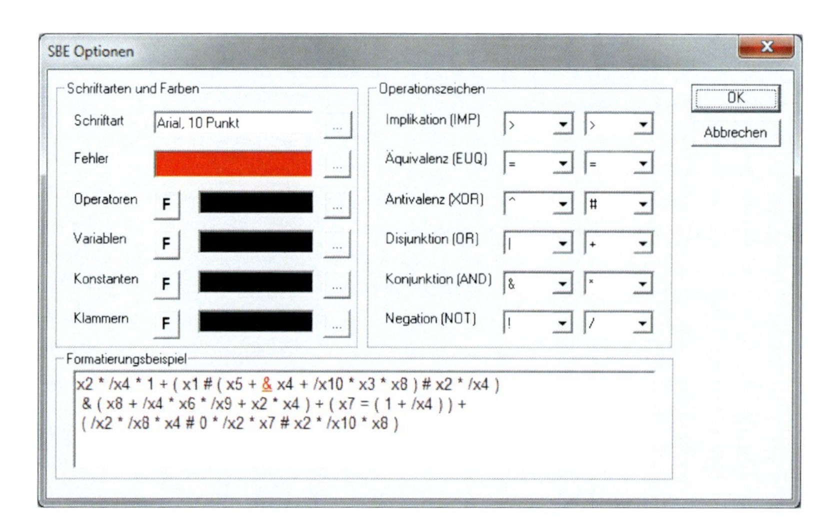

Abbildung 2.1 Dialog: Optionen zum Lösen Boolescher Gleichungen

den muss, in der die Namen der Booleschen Variablen und die Operationszeichen vorkommen, werden als Operationszeichen Zeichen verwendet, die auf der Tastatur vorhanden sind. Um eine möglichst flexible Anwendung zu ermöglichen, lässt der Modul zum Lösen Boolescher Gleichung für jede Boolesche Operation alternativ zwei Zeichen zu, die sogar im Optionsdialog (Abbildung 2.1 erreichbar über die Taste `Option` im Dialogfenster zum Lösen von Gleichungen) geändert werden können.

Tabelle 2.1 Operationszeichen in Booleschen Gleichungen

Operation	Formel	Gleichungstext
Implikation	$x \rightarrow y$	`x>y`
Äquivalenz	$x \odot y$	`x=y`
Antivalenz	$x \oplus y$	`x#y`
Disjunktion	$x \vee y$	`x+y`
Konjunktion	$x \wedge y$	`x&y`
Negation	$\overline{x}$	`/x`

Wir werden die Operationszeichen der Tabelle 2.1 verwenden. Die Priorität der Operationen steigt in der Tabelle 2.1 von oben nach unten. Durch runde Klammern kann abweichend von dieser Priorität die erforderliche Reihenfolge der Operationen festgelegt werden.

In einem einfachen Beispiel wollen wir untersuchen, ob die beiden Kinder Kristina und Robert richtig gelernt haben, wie sie sicher über die Straße gehen können. Beide Kinder wissen, dass bei einer aktiven Fußgängerampel a entweder das rote Licht r oder das grüne Licht g leuchtet. Dieses Wissen wird durch den Booleschen Ausdruck

$$a \to (r \oplus g) \tag{2.1}$$

beschrieben. Die Vorschrift zum sicheren Überqueren einer Straße haben sich Kristina und Robert auf unterschiedliche Weise gemerkt. Kristina sagt: „Ich darf über die Straße gehen, wenn die Ampel grün ist oder wenn weder Fahrzeuge von links f_l noch Fahrzeuge von rechts f_r kommen.“ Dieser Aussage entspricht der Boolesche Ausdruck

$$a \wedge g \vee \overline{f_l \vee f_r} \; . \tag{2.2}$$

Robert meint, dass er nicht über die Straße gehen darf, wenn Fahrzeuge von links oder rechts kommen oder wenn die Ampel rot ist. Er würde also über die Straße gehen, wenn der Boolesche Ausdruck

$$\overline{f_l \vee f_r \vee a \wedge r} \tag{2.3}$$

wahr ist. Die Boolesche Gleichung:

$$(a \to (r \oplus g)) \wedge (a \wedge g \vee \overline{f_l \vee f_r}) = (a \to (r \oplus g)) \wedge (\overline{f_l \vee f_r \vee a \wedge r}) \tag{2.4}$$

hängt von fünf Variablen ab und hat als Lösung alle die Binärvektoren, in denen die Meinungen von Kristina und Robert übereinstimmen. Falls beide Aussagen den gleichen Sachverhalt beschreiben, müssten also alle 32 Binärvektoren aus $\mathbb{B}^5$ zur Lösung gehören.

Zum Lösen der Booleschen Gleichung (2.4) vereinbaren wir im XBOOLE-Monitor einen hinreichend großen Booleschen Raum (im Menü *Objekte-Raum definieren ...*), können optional die gewünschte Variablenreihenfolge festlegen (im Menü *Objekte-Variablen zuordnen ...*), aktivieren das Dialogfenster zum Lösen Boolescher Gleichungen auf einem der oben beschriebenen Wege und geben den Gleichungstext

```
(a>(r#g))&(a&g+/(fl+fr))=(a>(r#g))&/(fl+fr+a&r)        (2.5)
```

ein und betätigen die Schaltfläche *Lösen*. Die Abbildung 2.2 zeigt das Dialogfenster, in dem die Boolesche Gleichung (2.5) eingegeben wurde. Als Hilfestellung werden am oberen Rand die aktuellen Operationszeichen angezeigt.

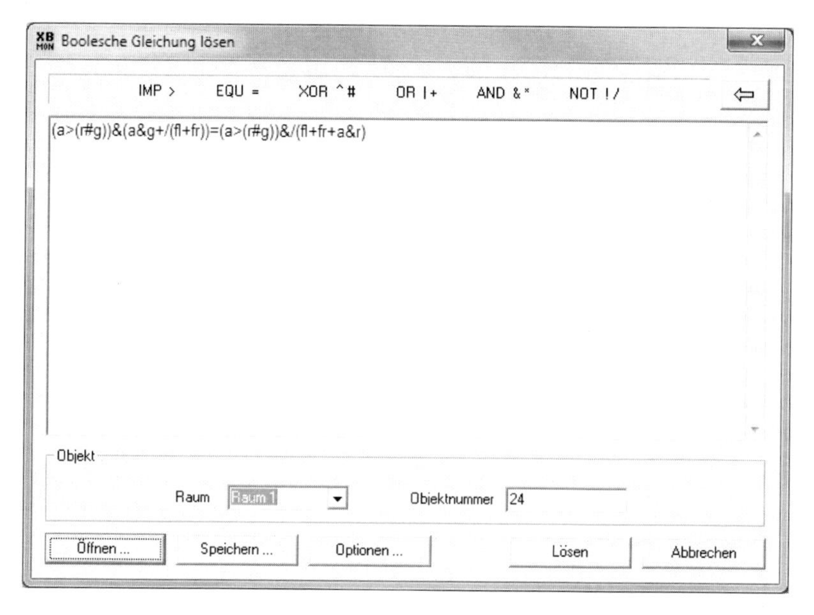

Abbildung 2.2 Dialog: Lösen Boolescher Gleichungen

Die Lösungsmenge L der Gleichung (2.4) enthält 28 Binärvektoren, die nach mehrfachem Anwenden der orthogonalen Blockbildung mit Austauschen (`obbc`) durch die folgenden 5 Ternärvektoren dargestellt werden.

$$L = \begin{array}{ccccc} a & r & g & f_l & f_r \\ \hline 1 & 1 & 1 & - & - \\ 1 & 0 & - & 0 & 0 \\ 1 & - & 0 & 0 & 1 \\ 1 & - & 0 & 1 & - \\ 0 & - & - & - & - \\ \hline \end{array} \qquad (2.6)$$

Der letzte Ternärvektor in der Lösung (2.6) zeigt, dass die Auffassungen der beiden Kinder für den Fall übereinstimmen, dass keine Ampel vorhanden ist. Offenbar kommen die Kinder aber mit dem Verhalten an einer Ampel noch nicht richtig zurecht, denn die ersten vier Ternärvektoren beschreiben nur 12 von 16 möglichen Lösungsvektoren.

Die 28 von 32 möglichen Lösungsvektoren der Booleschen Gleichung (2.4) zeigen, dass die beiden Kinder weitgehend die gleiche Vorstellung zum Überqueren einer Straße haben. Sie sagen aber noch nichts darüber aus, ob diese Vorstellungen auch den Straßenverkehrsregeln entsprechen. Homogene charakteristische Gleichungen mit dem Booleschen Ausdruck für jeweils ein Kind ermöglicht diese Überprüfung.

Für die Vorstellung von Kristina ergibt sich die Gleichung

$$(a \rightarrow (r \oplus g)) \wedge (a \wedge g \vee \overline{f_l \vee f_r}) = 1 \ . \qquad (2.7)$$

Der XBOOLE-Monitor bietet gute Möglichkeiten zum Editieren veränderter Gleichungen. Jeweils die letzte gelöste Gleichung wird in einer temporären Datei gespeichert, die durch Betätigen der rechts oben im Dialogfenster befindlichen Schaltfläche mit dem Symbol $\Leftarrow$ wieder geladen werden kann. Nach einem Klick auf diese Schaltfläche erscheint der Gleichungstext (2.5) wieder im Editor. Für spätere Verwendungen kann die aktuelle Gleichung als normale Textdatei durch Betätigen der Schaltfläche *Speichern ...* auf einem erreichbaren Datenträger abgespeichert und später durch Betätigen der Schaltfläche *Öffnen ...* wieder geladen werden. Zur weiteren Nutzung speichern wir die Gleichung (2.5) unter `kr0.txt`. Zur Lösung von (2.7) ändern wir (2.5) in

```
(a>(r#g))&(a&g+/(fl+fr))=1
```
(2.8)

und betätigen im Dialogfenster die Schaltfläche *Lösen*. Die Lösungsmenge $L_{Kristina}$ der Gleichung (2.7) enthält 9 Binärvektoren, die nach einer `obbc`-Operation durch die folgenden 3 Ternärvektoren dargestellt werden:

$$L_{Kristina} = \begin{array}{ccccc} a & r & g & f_l & f_r \\ \hline 0 & - & - & 0 & 0 \\ 1 & 0 & 1 & - & - \\ 1 & 1 & 0 & 0 & 0 \\ \hline \end{array} \; . \tag{2.9}$$

Die Lösungsmenge $L_{Kristina}$ (2.9) zeigt, das Kristina die Regeln zum richtigen Überqueren einer Straße fast vollständig beherrscht. Der erste Vektor von (2.9) besagt, dass weder von links noch von rechts ein Fahrzeug kommen darf, wenn man ohne Ampel die Straße überqueren möchte. Der zweite Vektor der Lösungsmenge $L_{Kristina}$ (2.9) beschreibt ebenfalls korrekt die Situation, dass weder Fahrzeuge von rechts noch von links eine Rolle spielen, wenn Kristina an einer grünen Ampel über die Straße geht. Der letzte Lösungsvektor in (2.9) offenbart einen Denkfehler von Kristina, die der Meinung ist, dass sie bei einer roten Ampel über die Straße gehen kann, wenn kein Fahrzeug von links und von rechts kommt. Dieser Fall kann durch die Änderung der Booleschen Gleichung (2.7) ausgeschlossen werden:

$$(a \rightarrow (r \oplus g)) \wedge (a \wedge g \vee \overline{a} \wedge \overline{f_l \vee f_r}) = 1 \; . \tag{2.10}$$

Die Lösung $L^{korrekt}_{Kristina}$ der Booleschen Gleichung (2.10) beschreibt das korrekte Verhalten:

$$L^{korrekt}_{Kristina} = \begin{array}{ccccc} a & r & g & f_l & f_r \\ \hline 1 & 0 & 1 & - & - \\ 0 & - & - & 0 & 0 \\ \hline \end{array} \; . \tag{2.11}$$

Nun wollen wir feststellen, ob Robert die Straßenverkehrsregeln beim Überqueren einer Straße einhalten würde. Da die rechte Seite der Booleschen Gleichung (2.4) das Verhalten von Robert beschreibt, entsteht die zu lösende Boolesche Gleichung

$$1 = (a \rightarrow (r \oplus g)) \wedge \overline{(f_l \vee f_r \vee a \wedge r)} \;, \tag{2.12}$$

indem die linke Seite gleich 1 gesetzt wird. Hier hilft uns der unter `kr0.txt` gespeicherte Gleichungstext (2.5), den wir durch Betätigen der Schaltfläche *Öffnen ...* und die Auswahl der benötigten Datei wieder laden können. Nach dem Editieren zu

```
1=(a>(r#g))&/(fl+fr+a&r)
```
(2.13)

erhalten wir als Lösungsmenge L_{Robert} der Gleichung (2.12) 5 Binärvektoren, die nach einer orthogonalen `obbc`-Operation durch die folgenden 2 Ternärvektoren dargestellt werden:

$$L_{Robert} = \begin{array}{ccccc} a & r & g & f_l & f_r \\ \hline 1 & 0 & 1 & 0 & 0 \\ 0 & - & - & 0 & 0 \\ \hline \end{array} \;. \tag{2.14}$$

Diese Lösungsmenge zeigt, dass Robert besonders vorsichtig ist. Er würde die Straße bei einer grünen Ampel nur überqueren, wenn weder von links noch von rechts ein Fahrzeug kommt. Der zweite Ternärvektor der Lösungsmenge (2.14) zeigt, dass sich Robert an einer Straße ohne Ampel wie Kristina korrekt verhält. Die zusätzlichen Möglichkeiten können durch Änderung der Booleschen Gleichung (2.12) in

$$1 = (a \rightarrow (r \oplus g)) \wedge \overline{(\overline{a} \wedge (f_l \vee f_r) \vee a \wedge r)} \tag{2.15}$$

ergänzt werden. Die Lösung $L_{Robert}^{korrekt}$ der Booleschen Gleichung (2.10) beschreibt das korrekte Verhalten:

$$L_{Robert}^{korrekt} = \begin{array}{ccccc} a & r & g & f_l & f_r \\ \hline 1 & 0 & 1 & - & - \\ 0 & - & - & 0 & 0 \\ \hline \end{array} \;. \tag{2.16}$$

Der Vergleich der homogenen charakteristischen Gleichungen zeigt, dass Kristina konstruktiv denkt (2.10), während Robert restriktiv das Verbotene (2.15) ausschließt. Trotz dieser unterschiedlichen Denkweisen beschreiben beide das gleiche korrekte Verhalten.

Anstelle einer einzelnen Booleschen Gleichung kann ein System aus mehreren Booleschen Gleichungen zur Beschreibung des zu lösenden Problems verwendet werden. Die Lösungsmenge eines Systems Boolescher Gleichungen enthält alle Binärvektoren, die zur Lösungsmenge jeder einzelnen Gleichung des Systems gehören. Wir verwenden als Beispiel die Gleichung (2.15). Der Ausdruck der rechten Seite besitzt nur dann den Wert 1, wenn sowohl $(a \rightarrow (r \oplus g))$ als auch $\overline{(\overline{a} \wedge (f_l \vee f_r) \vee a \wedge r)}$ den Wert 1 annehmen. Das zur Gleichung (2.15) äquivalente System Boolescher Gleichungen besteht somit aus den folgenden beiden Gleichungen:

$$\begin{aligned} 1 &= (a \rightarrow (r \oplus g)) \ , \\ 1 &= \overline{(\overline{a} \wedge (f_l \vee f_r) \vee a \wedge r)} \ . \end{aligned} \tag{2.17}$$

Ein System Boolescher Gleichungen kann mit dem XBOOLE-Monitor direkt gelöst werden. Die einzelnen Gleichungen sind dazu durch jeweils ein Komma zu trennen und im Dialogfenster oder nach dem Kommando `sbe` einzugeben. Die Abbildung 2.3 zeigt das Problemprogramm zum Lösen des Systems Boolescher Gleichungen (2.17) mit der Lösung (2.16) als XBOOLE-Objekt 1. Die links angegebenen Zeilennummern gehören nicht zum PRP, sondern dienen nur zur Orientierung.

```
1  space 32 1
2  sbe 1 1
3  1=(a>(r#g)),
4  1=/(/a&(fl+fr)+a&r).
5  obbc 1 1
```

Abbildung 2.3 PRP zum Lösen des Systems Boolescher Gleichungen (2.17)

2.2 Mengen

Eine **Menge** fasst Elemente mit einer bestimmten Eigenschaft zusammen. Im Abschnitt 2.1 haben wir zum Beispiel Mengen von Binärvektoren als Lösungen von Booleschen Gleichungen erhalten. Die Elemente einer Menge können beliebige Sachverhalte beschreiben. Unabhängig von einer bestimmten Bedeutung können die Elemente einer Menge in XBOOLE durch Binärvektoren dargestellt werden. Die Zusammenfassung mehrerer Binärvektoren zu einem Ternärvektor ermöglicht es XBOOLE, auch Mengen mit sehr vielen Elementen darzustellen und zu verarbeiten.

Die Eigenschaft einer Menge, dass jedes Element nur einmal in einer Menge enthalten ist, sichert XBOOLE durch ihre Darstellung als orthogonale Ternärvektorliste (TVL) in ODA-Form. Diese Form einer TVL entsteht auch als Lösung einer Booleschen Gleichung oder eines Systems Boolescher Gleichungen. Zur Erfassung einer Menge kann also neben der direkten Eingabe einer Ternärvektorliste auch eine Boolesche Gleichung gelöst werden, die die Elemente der Menge bestimmt.

Eine Menge von Binärvektoren wird in XBOOLE stets für einen vorher definierten Booleschen Raum spezifiziert. Man muss also den Wert n und damit auch $\mathbb{B}^n$ am Beginn einer Problemlösung festlegen. Dieser gesamte Raum wird durch einen Ternärvektor beschrieben, der nur Strichelemente enthält. Die leere Menge $\emptyset$ wird durch eine TVL beschrieben, die keinen einzigen Ternärvektor enthält.

Als erstes Beispiel untersuchen wir die Spezifikation von Mengen von Zahlen, die spezielle Eigenschaften besitzen. Dazu verwenden wir die Grundmenge von 256 Zahlen $z \in \{0, \ldots, 255\}$, die den Elementen von $\mathbb{B}^8$ zugeordnet werden können. Diesen Booleschen Raum können wir mit dem Kommando `space 8 1` definieren. Die Zahlen z stellen wir mit den Booleschen Variablen x_i, $i = 0, \ldots, 7$ unter Verwendung des Binärkodes dar:

$$z = x_7\,2^7 + x_6\,2^6 + x_5\,2^5 + x_4\,2^4 + x_3\,2^3 + x_2\,2^2 + x_1\,2^1 + x_0\,2^0 \ . \quad (2.18)$$

Die Menge der durch 8 teilbaren Zahlen M_{t8} können wir sehr leicht direkt als orthogonale Ternärvektorliste erfassen. Für alle durch 8 teilbaren Zahlen gilt: $x_2 = 0, x_1 = 0$ und $x_0 = 0$. Durch den Menüpunkt *Objekte-TVL erstellen ...* oder die Schaltfläche TVL wird das Dialogfenster der Abbildung 2.4 geöffnet, in dem wir den Raum und die Objektnummer wählen, die vorgegeben ODA-Form beibehalten und die Variablen eingeben.

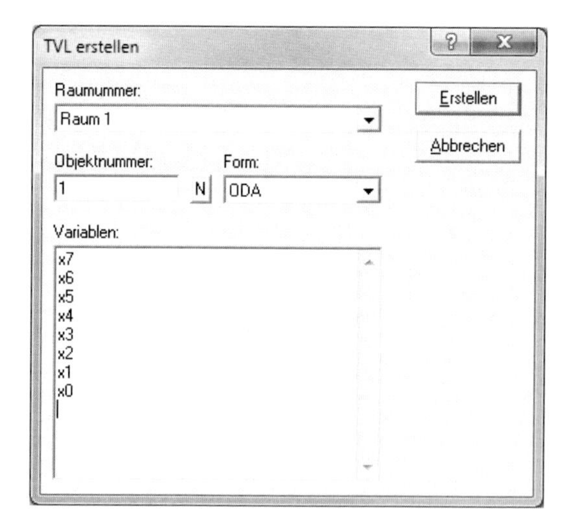

Abbildung 2.4 Dialog zum Erzeugen einer leeren TVL

Durch Betätigen der Schaltfläche Erstellen wird eine leere TVL unter der gewählten Objektnummer abgelegt und in einem Ansichtsfenster dargestellt.

Mit einem Doppelklick in diesem Fenster gelangen wir in den Bearbeitungsmodus und können den Ternärvektor (`-----000`) eingeben. Mit einem weiteren Doppelklick verlassen wir den Bearbeitungsmodus wieder.

Das Editieren kann zu einer nichtorthogonalen TVL führen; mit dem Kommando `orth 1 1` stellen wir die Orthogonalität wieder her.

$$M_{t8} = \begin{array}{cccccccc} x7 & x6 & x5 & x4 & x3 & x2 & x1 & x0 \\ \hline - & - & - & - & - & 0 & 0 & 0 \\ \hline \end{array} . \qquad (2.19)$$

Mit Hilfe der Kommandozeile wird das gleiche Ergebnis erreicht, wenn nach dem `tin`-Kommando zunächst die Variablen und dann der Ternärvektor eingegeben werden.

```
tin 1 1
x7 x6 x5 x4 x3 x2 x1 x0.
-----000.
```

Für eine gegeben Menge kann man das Komplement bestimmen (siehe Abbildung 2.5 (a) auf Seite 47). Der XBOOLE-Monitor stellt dazu die Mengenoperation `cpl` zur Verfügung, bei der als Parameter nur die Objektnummern der gegebenen Menge, gefolgt von der Objektnummer für das Ergebnis, angegeben werden. Mit dem Kommando `cpl 1 3` berechnet XBOOLE die Komplementmenge $\overline{M_{t8}}$ und speichert diese Menge unter der Objektnummer 3.

$$\overline{M_{t8}} = \begin{array}{cccccccc} x7 & x6 & x5 & x4 & x3 & x2 & x1 & x0 \\ \hline - & - & - & - & - & - & - & 1 \\ - & - & - & - & - & - & 1 & 0 \\ - & - & - & - & - & 1 & 0 & 0 \\ \hline \end{array} . \qquad (2.20)$$

Die Komplementmenge $\overline{M_{t8}}$ enthält $2^7+2^6+2^5 = 224$ Binärvektoren, die mit den drei orthogonalen Ternärvektoren von (2.20) beschrieben werden. Hier sieht man sehr schön den Zusammenhang zwischen *Komplement* und *Negation*; eine Menge enthält die Zahlen, die durch 8 teilbar sind, während das Komplement die Zahlen enthält, die **nicht** durch 8 teilbar sind.

Betrachten wir nun noch eine zweite Menge M_{ug}, alle Binärvektoren aus $\mathbb{B}^8$ mit einer ungeraden Anzahl von Einsen. Diese Menge enthält $2^{8-1} = 128$ Binärvektoren, deren direkte Eingabe als TVL aufwendig ist. Hier hilft die Möglichkeit der Spezifikation dieser Menge als Lösung der Booleschen Gleichung

$$x_7 \oplus x_6 \oplus x_5 \oplus x_4 \oplus x_3 \oplus x_2 \oplus x_1 \oplus x_0 = 1 \ , \tag{2.21}$$

deren Lösungsmenge als XBOOLE-Objekt 2 gespeichert wird.

Mit diesen beiden Mengen können wir die Mengen aller zweistelligen Mengenoperationen durch Aktivierung des zugehörigen Menüpunktes aus dem Menü *Menge*, der zugehörigen Schaltfläche aus der Symbolleiste *Menge* oder direkt mit dem zugehörigen Kommando in der Kommandozeile berechnen. Die Kommandos der Mengenoperationen kommen sehr häufig in Problemprogrammen vor. Wir werden deshalb in diesem einführenden Beispiel gleich die Kommandos für die Mengenoperationen verwenden und setzen voraus, dass die Menge M_{t8} als XBOOLE-Objekt 1 und die Menge M_{ug} als XBOOLE-Objekt 2 vorhanden ist.

Der Durchschnitt zweier Mengen enthält alle Binärvektoren, die sowohl zur ersten als auch zur zweiten Menge gehören. Die Abbildung 2.5 (b) auf Seite 47 zeigt das zugehörige Venn-Diagramm. Die Menge $M_{t8,ug}$ aller durch 8 teilbaren Zahlen mit einer ungeraden Anzahl von Einsen in ihren Binärvektoren wird durch den Durchschnitt

$$M_{t8,ug} = M_{t8} \cap M_{ug} \tag{2.22}$$

beschrieben, unter obigen Voraussetzungen im XBOOLE-Monitor mit dem Kommando `isc 1 2 4` berechnet und enthält 16 Binärvektoren. In dieser Menge haben alle Paare von Binärvektoren eine Hamming-Distanz, die größer als Eins ist, so dass keine Zusammenfassung zu Ternärvektoren möglich ist. Die **Hamming-Distanz** ist die Anzahl der Positionen in denen sich zwei gleichlange Binärvektoren unterscheiden.

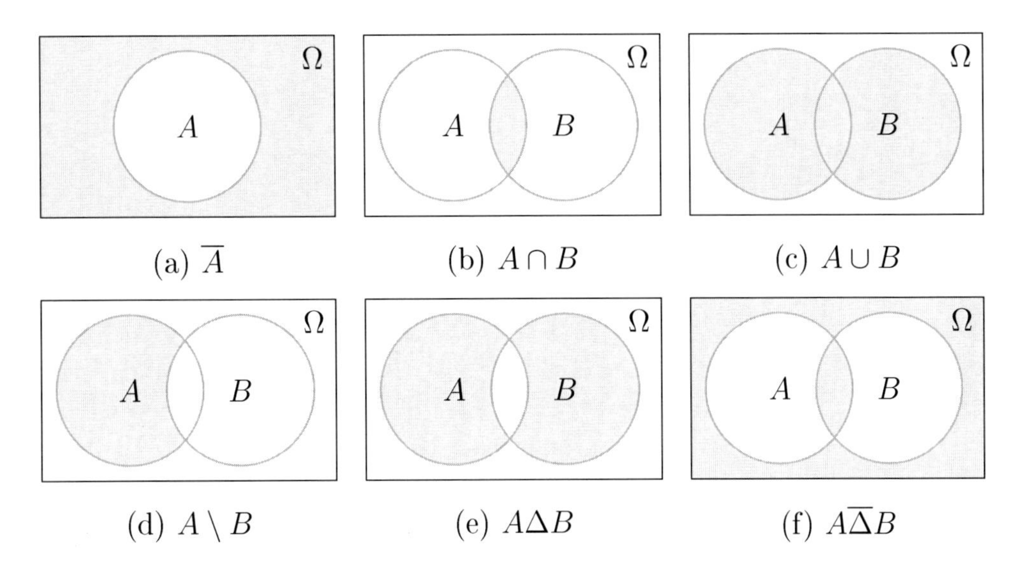

Abbildung 2.5 Venn-Diagramme der Mengenoperationen:
(a) Komplement $\overline{A}$ (complement `cpl`),
(b) Durchschnitt $A \cap B$ (intersection `isc`),
(c) Vereinigung $A \cup B$ (union `uni`),
(d) Differenz $A \setminus B$ (difference `dif`),
(e) symmetrische Differenz $A \Delta B$ (symmetric difference `syd`),
(f) Komplement der symmetrischen Differenz $A \overline{\Delta} B$ (complement of the symmetric difference `csd`)

Alle im XBOOLE-Monitor verfügbaren Mengenoperationen für die Mengen M_{t8} und M_{ug} werden in dem Problemprogramm der Abbildung 2.6 ausgeführt. In der Zeile 1 dieses Problemprogramms wird als Gesamtmenge Ω aller Mengen für dieses Beispiel der Boolesche Raum $\mathbb{B}^8$ als Raum mit der Nummer 1 im XBOOLE-System angelegt.

Mit dem Kommando `tin` aus der Zeile 2 wird festgelegt, dass eine TVL in dem zuvor definierten Raum 1 als Objekt mit der Nummer 1 angelegt wird. Die Variablen dieser TVL werden in der folgenden Zeile 3 definiert und mit einem Punkt abgeschlossen. Das Objekt 1 soll die Menge M_{t8}

```
1  space 8 1                       7  cpl 1 3
2  tin 1 1                         8  isc 1 2 4
3  x7 x6 x5 x4 x3 x2 x1 x0.        9  uni 1 2 5
4  -----000.                      10  dif 1 2 6
5  sbe 1 2                        11  syd 1 2 7
6  x7#x6#x5#x4#x3#x2#x1#x0=1.     12  csd 1 2 8
```

Abbildung 2.6 PRP aller Mengenoperationen für M_{t8} und M_{ug} aus $\mathbb{B}^8$

der durch 8 teilbaren Zahlen beschreiben. Dazu genügt der Ternärvektor aus der Zeile 4 mit fünf Strichen und drei Nullen in den Positionen der Variablen x_2, x_1 und x_0. Auch dieser Vektor (nur der letzte Vektor) der eingegeben TVL muss mit einen Punkt abgeschlossen werden und beendet das Kommando `tin`.

Die zweite Menge M_{ug} von Zahlen mit einer ungeraden Anzahl von Einsen wird mit einer Booleschen Gleichung (2.21) spezifiziert. Dazu dient das Kommando `sbe` in der Zeile 5, in dem festgelegt wird, dass auch diese Menge im Raum 1, aber als Objekt mit der Nummer 2 zu speichern ist. Die zugehörige Boolesche Gleichung steht in der Zeile 6 und schließt mit einem Punkt sowohl die Gleichung als auch das Kommando `sbe` ab.

Nach dieser Vorbereitung können nun die Mengenoperationen ausgeführt werden. Mit dem Kommando `cpl 1 3` wird in der Zeile 7 das Komplement von Objekt 1 als neues Objekt 3 berechnet. Die Abbildung 2.5 (a) kennzeichnet die Lösung im Venn-Diagramm durch die graue Fläche. Die Menge $\overline{M_{t8}}$ (2.20) beschreibt mit Hilfe von drei Ternärvektoren alle 224 Binärvektoren aus $\mathbb{B}^8$, die nicht durch 8 teilbar sind.

Mit dem Kommando `isc 1 2 4` wird in der Zeile 8 der Durchschnitt der Objekte 1 und 2 berechnet und als Objekt 4 gespeichert. Die Abbildung 2.5 (b) kennzeichnet die Lösung im Venn-Diagramm durch die graue Fläche. Die Menge $M_{t8} \cap M_{ug}$ enthält 16 Binärvektoren, die **sowohl** durch 8 teilbar sind **als auch** eine ungerade Anzahl von Einsen enthalten.

Mit dem Kommando `uni 1 2 5` wird in der Zeile 9 die Vereinigung der Mengen der Objekte 1 und 2 berechnet und als Objekt 5 gespeichert. Die Abbildung 2.5 (c) kennzeichnet die Lösung im Venn-Diagramm durch die graue Fläche. Die Menge $M_{t8} \cup M_{ug}$ enthält 144 Binärvektoren, die durch 8 teilbar sind **oder** eine ungerade Anzahl von Einsen enthalten oder beide Eigenschaften besitzen.

Mit dem Kommando `dif 1 2 6` wird in der Zeile 10 die Differenz der Mengen der Objekte 1 und 2 berechnet und als Objekt 6 gespeichert. Hier sollte man sich an den Zusammenhang $A \setminus B = A \cap \overline{B}$ erinnern der auch im Venn-Diagramm in der Abbildung 2.5 (d) ersichtlich ist. Die Menge $M_{t8} \setminus M_{ug}$ enthält 16 Binärvektoren, die durch 8 teilbaren Binärvektoren mit einer geraden Anzahl von Einsen.

Mit dem Kommando `syd 1 2 7` wird in der Zeile 11 die symmetrische Differenz der Mengen der Objekte 1 und 2 berechnet und als Objekt 7 gespeichert. Die Abbildung 2.5 (e) kennzeichnet die Lösung im Venn-Diagramm durch die graue Fläche, an der man erkennt, dass die Lösungsmenge alle die Binärvektoren enthält, die in einer der beiden Mengen, aber nicht in der anderen enthalten sind (**entweder ... oder**). Die Menge $M_{t8} \Delta M_{ug}$ enthält 128 Binärvektoren, die durch 8 teilbar sind und eine gerade Anzahl von Einsen enthalten oder nicht durch 8 teilbar sind und eine ungerade Anzahl von Einsen aufweisen.

Mit dem letzten Kommando `csd 1 2 8` wird in der Zeile 12 das Komplement der symmetrischen Differenz der Mengen der Objekte 1 und 2 berechnet und als Objekt 8 gespeichert. Der Vergleich der Venn-Diagramme (e) und (f) in der Abbildung 2.5 zeigt, dass die Lösungsmengen komplementär zueinander sind. Die Menge $M_{t8} \overline{\Delta} M_{ug}$ enthält 128 Binärvektoren, die entweder zu beiden Mengen gehören (durch 8 teilbar und eine ungerade Anzahl von Einsen) oder in keiner der beiden Mengen vorkommen (nicht durch 8 teilbar und eine gerade Anzahl von Einsen).

2.3 Graphen

Ein **Graph** $G(V, E)$ besteht aus Knoten (set of vertices or nodes V), die (im einfachsten Fall) durch Kanten (set of edges E) verbunden sind. Es gibt sehr viele praktische Anwendungen für Graphen. Die in XBOOLE vorhandenen Mengenoperationen und die Tatsache, dass es sich sowohl bei den Knoten als auch bei den Kanten eines Graphen um Mengen handelt, lassen bereits umfangreiche Möglichkeiten zur Verarbeitung von Graphen erkennen.

In Abhängigkeit von dem zu lösenden Problem werden verschiedene Darstellungen von Graphen [3] verwendet. Einige davon stellen wir zusammen mit konkreten Anwendungen in diesem Abschnitt vor. Weitere Beispiele werden in [11] beschrieben, wobei Graphen zur Darstellung des sequentiellen Verhaltens von Automaten verwendet werden.

Jedem Knoten eines Graphen G kann eine eindeutige binäre Kodierung $\mathbf{x}$ zugeordnet werden. Eine TVL in ODA-Form kann folglich die Menge $V = \{\mathbf{x}\,|\mathbf{x}$ ist ein Knoten von $G\}$ aller Knoten eines Graphen beschreiben.

Eine Kante verbindet zwei Knoten eines Graphen. Wir bezeichnen den Knoten, an dem eine Kante beginnt, mit $\mathbf{x}$ und den Knoten, an dem diese Kante endet, mit $\mathbf{y}$. Die Menge $E = \{(\mathbf{x}, \mathbf{y})\,|(\mathbf{x}, \mathbf{y})$ ist eine Kante von $G\}$ aller gerichteten Kanten kann somit ebenfalls auf eine Menge von Binärvektoren abgebildet und als TVL in ODA-Form dargestellt werden.

Das Problemprogramm in der Abbildung 2.7 zeigt eine kleine Auswahl von Möglichkeiten der Verarbeitung von Graphen mit dem XBOOLE-Monitor, die wir im Folgenden erläutern werden. Wir verwenden dazu den in der Abbildung 2.8 (a) dargestellten Graph G. Die Abbildung 2.8 (b) zeigt die Darstellung dieses Graphen als TVL in ODA-Form. Im PRP der Abbildung 2.7 wurde in der Zeile 1 ein Boolescher Raum vereinbart,

```
1  space 32 1
2  tin 1 1
3  x1 x0 y1 y0.
4  000-
5  01-0
6  1000
7  1-11.
8  cpl 1 2
9  obbc 2 2
10 _cco 1 <x1 x0> <y1 y0> 3
11 sbe 1 4
12 x1#y1=0,
13 x0#y0=0.
14 isc 1 4 5
15 _cco 1 <y1 y0> <z1 z0> 6
16 _cco 6 <x1 x0> <y1 y0> 7
17 isc 1 7 8
18 _maxk 8 <y1 y0> 9
19 _cco 9 <y1 y0> <z1 z0> 10
20 obbc 10 10
```

Abbildung 2.7 PRP zur Verarbeitung von Graphen

in den dieser Graph in den Zeilen 2 bis 7 direkt als Ternärvektorliste eingegeben wird.

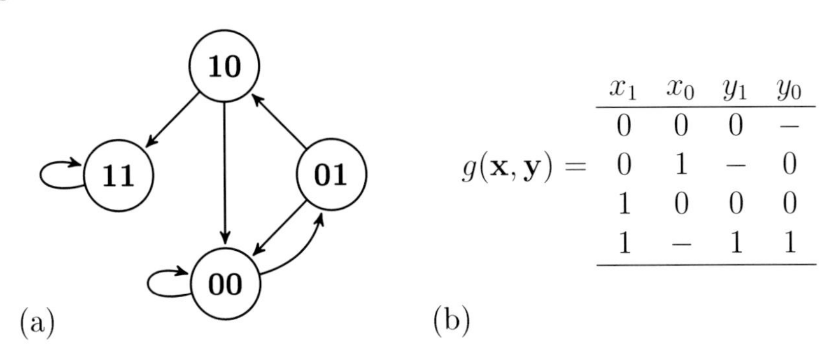

Abbildung 2.8 Binär kodierter Graph G

Ein komplementärer Graph $\overline{G}$ enthält alle Kanten, die im gegebenen Graph G nicht enthalten sind. Die Mengenoperation `cpl` berechnet den komplementären Graph. Im PRP der Abbildung 2.7 wird nach der `cpl`-Operation in der Zeile 8 zur Verringerung der Anzahl von Ternärvektoren in der Zeile 9 noch eine `obbc`-Operation verwendet. Die Abbildung 2.9 zeigt den berechneten komplementären Graph $\overline{G}$. In analoger Weise können für zwei gegebene Graphen mit der gleichen Kodierung der Knoten mit den XBOOLE-Mengenoperationen neue Kantenmengen berechnet werden.

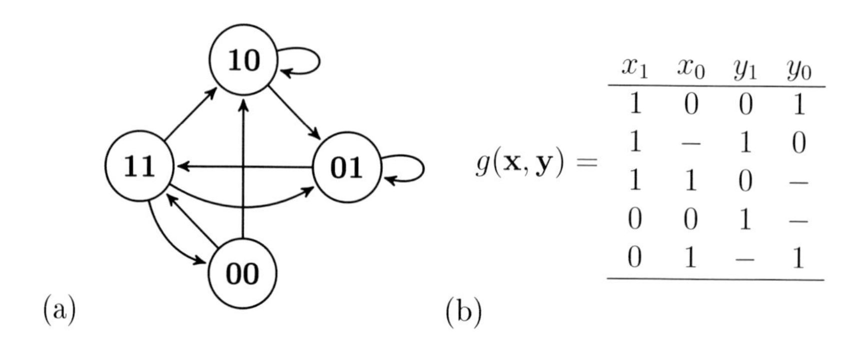

x_1	x_0	y_1	y_0
1	0	0	1
1	–	1	0
1	1	0	–
0	0	1	–
0	1	–	1

Abbildung 2.9 Komplementärer Graph $\overline{G}$ zu G aus der Abbildung 2.8

Ein inverser Graph G^{inv} ist ein Graph, im dem alle Kanten des Graphen G in die entgegengesetzte Richtung zeigen. Die XBOOLE-Operation `cco` (change columns) erfüllt diese Aufgabe und benötigt zur Steuerung die XBOOLE-Objekte der Variablentupel der Startknoten und der Endknoten der Kanten. Im PRP der Abbildung 2.7 verwenden wir in der Zeile 10 die modifizierte Variante `_cco` dieses Kommandos, in der die beiden Variablentupel jeweils in spitzen Klammern direkt durch die Variablennamen spezifiziert werden. Die Abbildung 2.10 zeigt den berechneten inversen Graph G^{inv}.

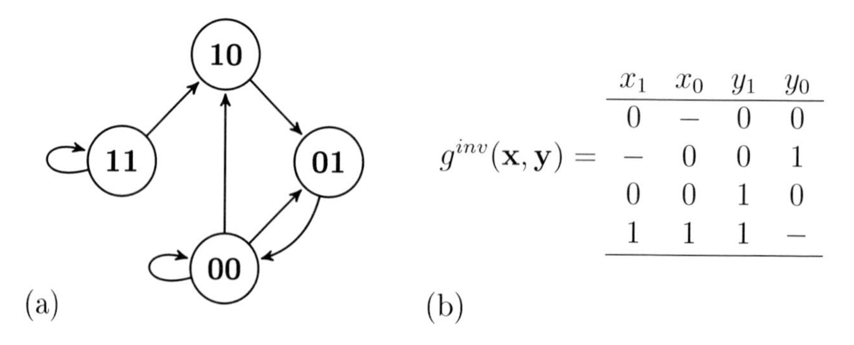

x_1	x_0	y_1	y_0
0	–	0	0
–	0	0	1
0	0	1	0
1	1	1	–

Abbildung 2.10 Inverser Graph G^{inv} zu G aus der Abbildung 2.8

Eine Menge von Kanten eines Graphen kann auch durch eine Boolesche Gleichung oder ein System Boolescher Gleichungen spezifiziert werden.

Schlingen (Schleifen) sind Kanten eines Graphen, die am gleichen Knoten enden, an dem sie auch begonnen haben. Schlingen kennzeichnen in asynchronen Automaten stabile Zustände. Für Schlingen bleiben Werte in Binärvektoren für den Startknoten und den Endknoten unverändert. Für einen Graph mit vier Knoten werden alle Schlingen durch das Gleichungssystem

$$\begin{aligned} x_1 \oplus y_1 &= 0 \\ x_0 \oplus y_0 &= 0 \end{aligned} \tag{2.23}$$

beschrieben. Dieses Gleichungssystem wird in den Zeile 11 bis 13 des PRP aus der Abbildung 2.7 gelöst. Die Abbildung 2.11 (a) zeigt den berechneten Graph S und die Abbildung 2.11 (b) seine TVL.

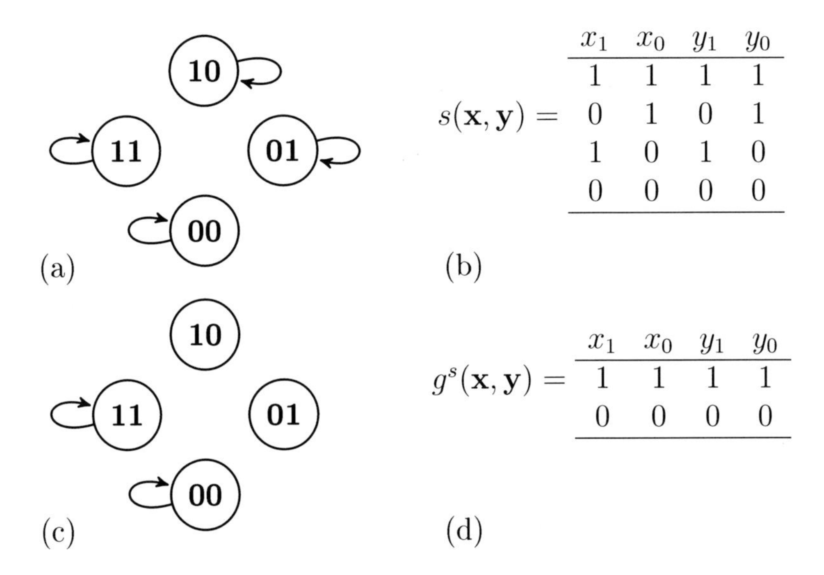

$s(\mathbf{x}, \mathbf{y}) =$

x_1	x_0	y_1	y_0
1	1	1	1
0	1	0	1
1	0	1	0
0	0	0	0

$g^s(\mathbf{x}, \mathbf{y}) =$

x_1	x_0	y_1	y_0
1	1	1	1
0	0	0	0

Abbildung 2.11 Graph S aller Schlingen (a), (b) und Graph G^s der Schlingen (c), (d) in G aus der Abbildung 2.8

Alle Schlingen, die im Graph G aus Abbildung 2.8 vorhanden sind, ergeben sich als Durchschnitt $G^s = G \cap S$. Die `isc`-Operation in der Zeile 14

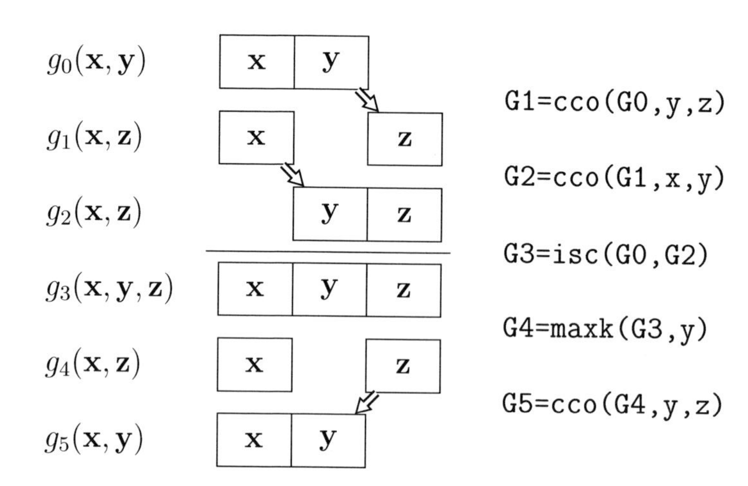

Abbildung 2.12 Schema zur Berechnung transitiver Kanten

im PRP der Abbildung 2.7 ermittelt den Graph G^s aller Schlingen, die im Graph G der Abbildung 2.8 enthalten sind; die Abbildung 2.11 zeigt unter (c) und (d) das Ergebnis.

Für verschiedene Analyseziele werden Folgen von Kanten benötigt. Als elementarer Schritt werden in solchen Analysen transitive Kanten ermittelt. Wenn es in einem Graph eine Kante $(\mathbf{x}_0, \mathbf{y}_0)$ und eine Kante $(\mathbf{y}_0, \mathbf{z}_0)$ gibt, so verläuft die transitive Kante $(\mathbf{x}_0, \mathbf{z}_0)$ vom Startknoten $\mathbf{x}_0$ der ersten Kante zum Endknoten $\mathbf{z}_0$ der nachfolgenden Kante. In der transitiven Kante wird die Hilfskodierung $\mathbf{z}_0$ wieder mit den Variablen $\mathbf{y}$ ausgedrückt.

Im XBOOLE-Monitor können die transitiven Kanten mit Hilfe der Operationen `cco` (zum Verschieben von Spaltengruppen der TVL des Graphen), `isc` (zum Verketten aufeinander folgender Kanten) und `maxk` (zum Ausblenden nicht benötigter Spalten) berechnet werden. Die Abbildung 2.12 stellt das erforderliche Vorgehen schematisch dar. Im Problemprogramm in Abbildung 2.7 werden die transitiven Kanten für den Graph G aus der Abbildung 2.8 (XBOOLE-Objekt 1) in den Zeilen 15 bis 20

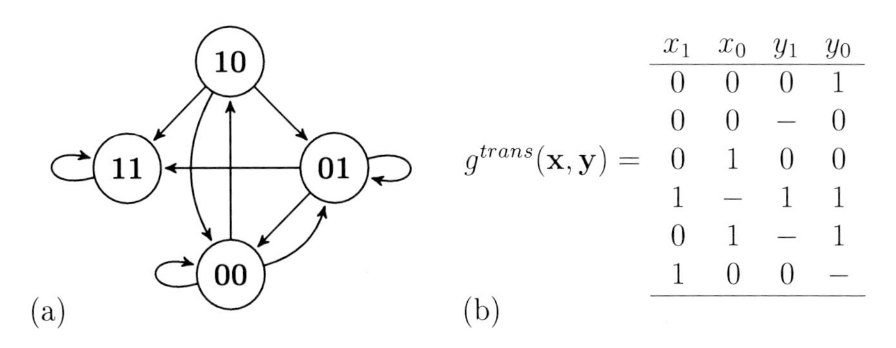

$g^{trans}(\mathbf{x}, \mathbf{y}) =$

x_1	x_0	y_1	y_0
0	0	0	1
0	0	–	0
0	1	0	0
1	–	1	1
0	1	–	1
1	0	0	–

Abbildung 2.13 Graph G^{trans}, der alle transitiven Kanten enthält, die vom Graph G aus der Abbildung 2.8 gebildet werden können

nach dem Schema aus der Abbildung 2.12 berechnet und als XBOOLE-Objekt 10 gespeichert. Die Abbildung 2.13 zeigt die ermittelte TVL und die zugehörige graphische Darstellung der Graphen G^{trans} aller transitiven Kanten von G.

Der Graph G^{trans} kann auf unterschiedliche Weise für weitere Berechnungen verwendet werden:

- Mit der XBOOLE-Operation `uni` (Vereinigung) wird der Graph G_1 berechnet, in dem die gegebenen Kanten und zusätzlich die transitiven Kanten enthalten sind: $G_1 = G \cup G^{trans}$.

- Mit der XBOOLE-Operation `isc` (Durchschnitt) wird der Graph G_2 berechnet, der nur die transitiven Kanten des ursprünglichen Graphen enthält: $G_2 = G \cap G^{trans}$.

- Mit der XBOOLE-Operation `dif` (Differenz) wird der Graph G_3 berechnet, bei dem die transitiven Kanten aus dem Graphen G entfernt sind: $G_3 = G \setminus G^{trans}$.

Die Färbung von Knoten oder Kanten von Graphen wird in vielen Op-

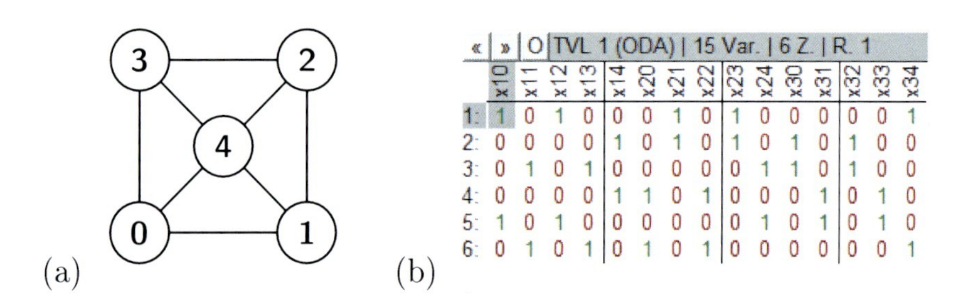

« | » | O | TVL 1 (ODA) | 15 Var. | 6 Z. | R. 1

	x10	x11	x12	x13	x14	x20	x21	x22	x23	x24	x30	x31	x32	x33	x34
1:	1	0	1	0	0	0	1	0	1	0	0	0	0	0	1
2:	0	0	0	0	1	0	1	0	1	0	1	0	1	0	0
3:	0	1	0	1	0	0	0	0	0	1	1	0	1	0	0
4:	0	0	0	0	1	1	0	1	0	0	0	1	0	1	0
5:	1	0	1	0	0	0	0	0	0	1	0	1	0	1	0
6:	0	1	0	1	0	1	0	1	0	0	0	0	0	0	1

Abbildung 2.14 Graphenfärbung mit 3 Farben: (a) Graph, (b) Lösung

timierungsaufgaben angewendet. Zum Beispiel könnten die Sendemasten für die Mobiltelefone als Knoten eines Graphen modelliert werden. Entsprechend der Sendeleistung werden die Knoten von Sendemasten, die sich in einer bestimmten Umgebung befinden, mit dem Knoten eines gewählten Sendemasts durch Kanten verbunden. Um Störungen zu vermeiden, müssen benachbarte Sendemasten verschiedene Frequenzen verwenden. Die Frequenzen stehen aber nur beschränkt zur Verfügung. Hieraus ergibt sich das Optimierungsproblem: *Können die Knoten eines Graphen mit einer bestimmten Anzahl von Farben so gefärbt werden, dass keine Kante zwei Knoten verbindet, die die gleiche Farbe haben.*

Wir demonstrieren die Lösung diese Problems für den einfachen Graph aus der Abbildung 2.14, dessen fünf Knoten mit drei Farben gefärbt werden sollen. Es sind alle Lösungen (Farbzuordnungen) gesucht.

Zur Lösung dieser Aufgabe muss für jeden der fünf Knoten des Graphen ermittelt werden, welche der drei Farben ihm zugeordnet wird. Die Definition (2.24) legt die 15 Booleschen Variablen x_{fk} zur Beschreibung dieses Sachverhaltes fest:

$$x_{fk} = \begin{cases} 1 & \text{die Farbe } f \text{ ist dem Knoten } k \text{ zugeordnet} \\ 0 & \text{die Farbe } f \text{ ist dem Knoten } k \text{ nicht zugeordnet.} \end{cases} \tag{2.24}$$

Mit diesen Variablen können Restriktionen für die Farbzuordnung spezifiziert werden. Als Beispiel verwenden wir die Farbe 1 und den Knoten 0. Die erste Regel bezieht sich nur auf den betrachteten Knoten:

- Wenn dem Knoten 0 die Farbe 1 (rot) zugeordnet ist, so kann dieser Knoten nicht mit der Farbe 2 (grün) oder 3 (blau) gefärbt sein, was durch das folgende System Boolescher Gleichungen beschrieben wird:

$$\begin{aligned} x_{10} \rightarrow x_{20} &= 0 \\ x_{10} \rightarrow x_{30} &= 0 \; . \end{aligned} \tag{2.25}$$

Die zweite Restriktion erfasst die Forderung nach unterschiedlichen Färbungen in benachbarten Knoten. Die im Graph vorhandenen Kanten werden also bei diesem Problem in den logischen Beziehungen berücksichtigt und müssen deshalb nicht explizit durch Boolesche Variable kodiert werden. Als zweite Regel erhalten wir:

- Wenn dem Knoten 0 die Farbe 1 (rot) zugeordnet ist, so kann die gleiche Farbe 1 (rot) nicht den Knoten 1, 3 und 4 zugeordnet werden, die mit dem Knoten 1 durch Kanten verbunden sind, was durch das folgende System Boolescher Gleichungen beschrieben wird:

$$\begin{aligned} x_{10} \rightarrow x_{11} &= 0 \\ x_{10} \rightarrow x_{13} &= 0 \\ x_{10} \rightarrow x_{14} &= 0 \; . \end{aligned} \tag{2.26}$$

Die beiden Gleichungssysteme (2.25) und (2.26) müssen beide erfüllt sein. Sie können deshalb zu einem gemeinsamen Gleichungssystem zusammengefasst werden. In dem Gleichungssystem (2.27) wurde die Regel $a \rightarrow b = \overline{a} \vee b$ angewendet:

$$
\begin{aligned}
\overline{x}_{10} \vee x_{20} &= 0 \\
\overline{x}_{10} \vee x_{30} &= 0 \\
\overline{x}_{10} \vee x_{11} &= 0 \\
\overline{x}_{10} \vee x_{13} &= 0 \\
\overline{x}_{10} \vee x_{14} &= 0 \ .
\end{aligned} \tag{2.27}
$$

Durch Negation beider Seiten in jeder Gleichung von (2.27) und Anwendung der De Morgan'schen Regeln entsteht das System charakteristischer Gleichungen (2.28), das in eine Boolesche Gleichung (2.29) ungeformt werden kann.

$$
\begin{aligned}
x_{10} \wedge \overline{x}_{20} &= 1 \\
x_{10} \wedge \overline{x}_{30} &= 1 \\
x_{10} \wedge \overline{x}_{11} &= 1 \\
x_{10} \wedge \overline{x}_{13} &= 1 \\
x_{10} \wedge \overline{x}_{14} &= 1
\end{aligned} \tag{2.28}
$$

$$
x_{10} \wedge \overline{x}_{20}\,\overline{x}_{30}\,\overline{x}_{11}\,\overline{x}_{13}\,\overline{x}_{14} = 1 \tag{2.29}
$$

Gleichungen der Art (2.29) müssen für jede Farbe und jeden Knoten gebildet werden. Die Konjunktionen auf der linken Seite einer Gleichung bezeichnen wir mit K_{fk}. Mit diesen Konjunktionen können wir nun für jeden der fünf Knoten $k = 0, \ldots, 4$ die Forderung, dass eine der drei Farben verwendet werden muss, durch die Disjunktion

$$
K_{1k} \vee K_{2k} \vee K_{3k} \tag{2.30}
$$

beschreiben. Diese Forderung muss für alle fünf Knoten erfüllt sein. Alle zulässigen Färbungen des Graphen aus Abbildung 2.14 werden somit durch die folgende Boolesche Gleichung beschrieben:

$$
\bigwedge_{k=0}^{4} (K_{1k} \vee K_{2k} \vee K_{3k}) - 1 \ . \tag{2.31}
$$

```
1  space 15 1
2  avar 1
3  x10 x11 x12 x13 x14
4  x20 x21 x22 x23 x24
5  x30 x31 x32 x33 x34.
6  sbe 1 1
7  (
8  x10&/x20&/x30&/x11&/x13&/x14+
9  x20&/x10&/x30&/x21&/x23&/x24+
10 x30&/x10&/x20&/x31&/x33&/x34)
11 &(
12 x11&/x21&/x31&/x10&/x12&/x14+
13 x21&/x11&/x31&/x20&/x22&/x24+
14 x31&/x11&/x21&/x30&/x32&/x34)
15 &(
16 x12&/x22&/x32&/x11&/x13&/x14+
17 x22&/x12&/x32&/x21&/x23&/x24+
18 x32&/x12&/x22&/x31&/x33&/x34)
19 &(
20 x13&/x23&/x33&/x10&/x12&/x14+
21 x23&/x13&/x33&/x20&/x22&/x24+
22 x33&/x13&/x23&/x30&/x32&/x34)
23 &(
24 x14&/x24&/x34&/x10&/x11&/x12&/x13+
25 x24&/x14&/x34&/x20&/x21&/x22&/x23+
26 x34&/x14&/x24&/x30&/x31&/x32&/x33)
27 =1.
```

Abbildung 2.15 PRP zur Färbung des Graphen aus der Abbildung 2.14 (a)

Im Detail sind alle Konjunktionen K_{fk} in dem Problemprogramm der Abbildung 2.15 angegeben. Die Lösungsmenge dieser Gleichung enthält 6 Binärvektoren mit jeweils 15 Binärwerten. Die Abbildung 2.14 (b) zeigt die vollständige Lösungsmenge. Jeder dieser Binärvektoren enthält genau für 5 Variablen den Wert 1. Basierend auf der gewählten Definition (2.24) der Variablen geben die Indizes dieser 1-Werte direkt an, welcher Knoten mit welcher Farbe zu färben ist.

2.4 Digitale Schaltungen

Digitale Schaltungen realisieren das benötigte Verhalten in Computern, Steuerungssystemen, Handys, MP3-Playern, Fernsehern und vielen weiteren elektronischen Geräten. Wir unterscheiden kombinatorische Schaltungen und sequentielle Schaltungen. Eine kombinatorische Schaltung (z.B. eine Addierschaltung im Computer) erzeugt für eine konkrete Belegung der Eingänge (z.B. eine binäre Kodierung von zwei Zahlen) stets die entsprechende Belegung der Ausgänge (die binäre Kodierung der Summe der beiden Zahlen). Die Ausgänge einer sequentiellen Schaltung hängen zusätzlich vom gespeicherten Zustand ab, der von den Werten der Eingänge zu früheren Zeitpunkten bestimmt wird. Sequentielle Schaltungen realisieren das Verhalten von Automaten [2], [5], [11].

Als Bauelemente kombinatorischer Schaltungen werden Logikgatter verwendet, die in der erforderlichen Weise miteinander verbunden werden. Logikgatter werden in mikroelektronischen Schaltungen mit Hilfe von Transistoren realisiert, die wie Schalter wirken. Der Ausgang a eines Logikgatters hängt von einem oder mehreren Eingängen e_i ab. Das Verhalten eines Logikgatters wird durch seine Funktionsgleichung beschrieben. Die Lösung dieser Booleschen Gleichung ist eine Menge von Binärvektoren, die auch als **Phasenliste** bezeichnet wird. Eine Phase beschreibt die im eingeschwungenen Zustand (d.h. alle Schaltvorgänge sind abgeschlossen) an einer Schaltung vorhandenen Belegungen. Die Tabelle 2.2 ordnet den Schaltzeichen von Logikgattern die Funktionsgleichungen und Phasenlisten zu.

Die Phasenlisten werden im XBOOLE-Monitor als Ternärvektorlisten in ODA-Form gespeichert. Sie können somit auch als Ausdruck von Funktionen in disjunktiver Form interpretiert werden. Eine solche Funktion wird als Systemfunktion bezeichnet und hängt von den Booleschen Variablen ab, die sowohl die Eingänge als auch den Ausgang beschreiben.

Tabelle 2.2 Logikgatter

Schaltzeichen	Funktionsgleichung	Systemfunktion / Phasenliste
e_1 1 a	$a = \overline{e}_1$	$F(e_1, a) =$ e_1 a 0 1 1 0
e_1 e_2 & a	$a = e_1 \wedge e_2$	$F(e_1, e_2, a) =$ e_1 e_2 a 1 1 1 0 – 0 1 0 0
e_1 e_2 ≥1 a	$a = e_1 \vee e_2$	$F(e_1, e_2, a) =$ e_1 e_2 a 0 0 0 1 – 1 0 1 1
e_1 e_2 =1 a	$a = e_1 \oplus e_2$	$F(e_1, e_2, a) =$ e_1 e_2 a 0 0 0 1 0 1 0 1 1 1 1 0
e_1 e_2 =1 a	$a = e_1 \odot e_2$	$F(e_1, e_2, a) =$ e_1 e_2 a 0 0 1 1 0 0 0 1 0 1 1 1
e_1 e_2 & a	$a = \overline{e_1 \wedge e_2}$	$F(e_1, e_2, a) =$ e_1 e_2 a 1 1 0 0 – 1 1 0 1
e_1 e_2 ≥1 a	$a = \overline{e_1 \vee e_2}$	$F(e_1, e_2, a) =$ e_1 e_2 a 0 0 1 1 – 0 0 1 0

Die Logikgatter sind auf der Logikebene die elementaren Bestandteile eines digitalen Systems. Die zur Verhaltensbeschreibung eingeführte Systemfunktion bzw. die zugehörige Phasenliste kann beliebig umfangreiche digitale Systeme beschreiben. Die grundlegende Aufgabe der Analyse einer kombinatorischen Schaltung besteht damit in der Berechnung der globalen Phasenliste für die gegebene Schaltungsstruktur, ausgehend von den Funktionsgleichungen der miteinander verbunden Logikgatter.

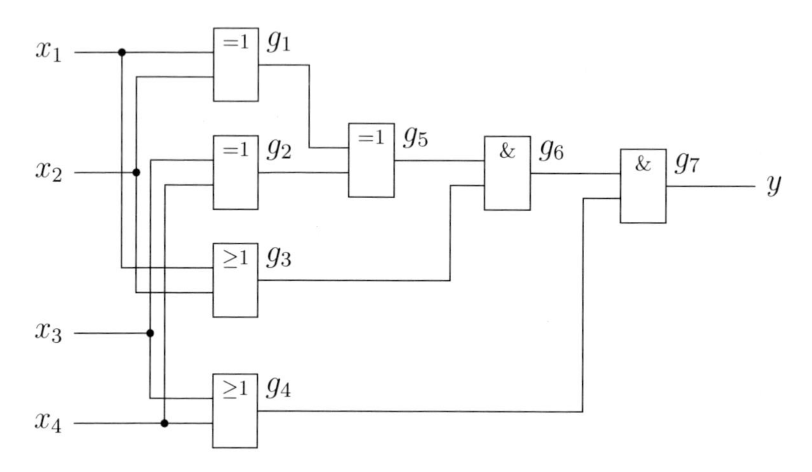

Abbildung 2.16 Schaltungsstruktur einer kombinatorischen Schaltung mit vier Eingängen

Wir verwenden die kombinatorische Schaltung aus der Abbildung 2.16 als Beispiel zur Berechnung des Verhaltens in Form der Phasenliste. Dazu benötigen wir außer dem Verhalten der einzelnen Logikgatter auch die vorhandenen Verbindungen. Um diese zu beschreiben, ordnen wir jedem Gatterausgang eine Variables g_i zu. Unter Verwendung dieser Hilfsvariablen sowie der Variablen der Eingänge x_i und des Ausgangs y können wir ein System Boolescher Gleichungen aufschreiben, in dem für jeden Gatterausgang die Funktionsgleichung mit den steuernden Variablen und eine weitere Gleichung für jeden Schaltungsausgang (hier nur für y) angegeben werden.

```
1  space 12 1
2  avar
3  x1 x2 x3 x4 g1 g2 g3 g4 g5 g6 g7 y.
4  sbe 1 1
5  g1=x1#x2,
6  g2=x3#x4,
7  g3=x1+x2,
8  g4=x3+x4,
9  g5=g1#g2,
10 g6=g5&g3,
11 g7=g6&g4,
12 y=g7.
13 _maxk 1 <g1 g2 g3 g4 g5 g6 g7> 2
```

Abbildung 2.17 PRP zur Analyse der Schaltung aus der Abbildung 2.16

Die einzelnen Gleichungen sind so einfach, dass wir sie gleich in dem Problemprogramm der Abbildung 2.17 als zu lösendes Gleichungssystem erfasst haben. Die Lösungsmenge dieses Booleschen Gleichungssystems wird als XBOOLE-Objekt 1 gespeichert und ist in der Abbildung 2.18 (a) dargestellt.

In der globalen Phasenliste der Abbildung 2.18 (a) kann man für jede der 16 Belegungen der Eingänge x_i, $i = 1, \dots, 4$, ablesen, welche Signalwerte sich an allen Gatterausgängen g_j, $j = 1, \dots, 7$, und am Schaltungsausgang y ergeben. Wir besitzen damit die vollständige Information über das Verhalten der kombinatorischen Schaltung aus der Abbildung 2.16.

Betrachtet man die kombinatorische Schaltung als Blackbox, so benötigt man nur die Zuordnung des Funktionswertes zu den Eingangswerten und kann auf die Werte der inneren Signale g_j verzichten. Dieses Ziel erreichen wir durch die Interpretation der Phasenliste der Abbildung 2.18 (a) als Systemfunktion $F(\mathbf{x}, \mathbf{g}, y)$. Das Ein-Ausgangs-Verhalten einer kombinatorischen Schaltung wird durch die Systemfunktion $F(\mathbf{x}, y)$ beschrieben

« | » | O | TVL 1 (ODA) | 12 Var. | 16 Z. | R. 1

	x1	x2	x3	x4	g1	g2	g3	g4	g5	g6	g7	y
1:	1	1	0	1	0	1	1	1	1	1	1	1
2:	1	1	1	0	0	1	1	1	1	1	1	1
3:	0	1	1	1	1	0	1	1	1	1	1	1
4:	1	0	1	1	1	0	1	1	1	1	1	1
5:	0	1	0	0	1	0	1	0	1	1	0	0
6:	1	0	0	0	1	0	1	0	1	1	0	0
7:	0	0	0	1	0	1	0	1	1	0	0	0
8:	0	0	1	0	0	1	0	1	1	0	0	0
9:	0	1	0	1	1	1	1	1	0	0	0	0
10:	1	0	0	1	1	1	1	1	0	0	0	0
11:	0	1	1	0	1	1	1	1	0	0	0	0
12:	1	0	1	0	1	1	1	1	0	0	0	0
13:	1	1	1	1	0	0	1	1	0	0	0	0
14:	0	0	1	1	0	0	0	1	0	0	0	0
15:	1	1	0	0	0	0	1	0	0	0	0	0
16:	0	0	0	0	0	0	0	0	0	0	0	0

(a)

« | » | O | K | TVL 2 (ODA) | 5 Var. | 16 Z. | R. 1

	x1	x2	x3	x4	y
1:	1	1	0	1	1
2:	1	1	1	0	1
3:	0	1	1	1	1
4:	1	0	1	1	1
5:	0	1	0	0	0
6:	1	0	0	0	0
7:	0	0	0	1	0
8:	0	0	1	0	0
9:	0	1	0	1	0
10:	1	0	0	1	0
11:	0	1	1	0	0
12:	1	0	1	0	0
13:	1	1	1	1	0
14:	0	0	1	1	0
15:	1	1	0	0	0
16:	0	0	0	0	0

(b)

Abbildung 2.18 Globale Phasenlisten der Schaltung aus der Abbildung 2.16: (a) mit internen Signalen g_i, (b) Ein-Ausgangs-Verhalten

und kann mit Hilfe des k-fachen Maximums berechnet werden:

$$F(\mathbf{x}, y) = \max_{\mathbf{g}}{}^k F(\mathbf{x}, \mathbf{g}, y) \ . \tag{2.32}$$

Die Abbildung 2.18 (b) zeigt die unter Verwendung von (2.32) vereinfachte globale Phasenliste $F(\mathbf{x}, y)$. Die Zeile 13 im PRP in der Abbildung 2.17 realisiert diese Vereinfachung als letzten Schritt der grundlegenden Analyseaufgabe.

Betrachtet man die globale Phasenliste der Abbildung 2.18 (b) aus verschiedenen Blickwinkeln, so ergeben sich wichtige Einsichten.

1. Die globale Phasenliste jeder kombinatorischen Schaltung mit einem Ausgang y kann als Lösung der Booleschen Gleichung:

$$F(\mathbf{x}, y) = 1 \tag{2.33}$$

betrachtet werden, die auch als **Systemgleichung** bezeichnet wird.

2. Die globale Phasenliste der Abbildung 2.18 (b) beschreibt das spezielle Verhalten der Schaltung aus der Abbildung 2.16:
$$y = S_3^4(\mathbf{x}) \tag{2.34}$$
mit der symmetrischen Funktion $S_3^4(\mathbf{x})$, die besagt, dass der Ausgang y dieser Schaltung genau dann den Wert 1 annimmt, wenn drei der vier Eingänge den Wert 1 besitzen.

3. Die Phasenliste jeder kombinatorischen Schaltung mit n Eingängen enthält stets 2^n Phasen, da sich für jede der 2^n Eingangsbelegungen am Schaltungsausgang der durch die Schaltung festgelegte Wert ergibt. Der Ausgang y einer kombinatorischen Schaltung realisiert folglich immer eine Boolesche Funktion $f(\mathbf{x})$, so dass gilt:
$$y = f(\mathbf{x}) \; . \tag{2.35}$$

Die Systemfunktion $F(\mathbf{x}, y)$ aus der Gleichung (2.33) beschreibt alle für eine Schaltung zulässigen Phasen. Durch eine kombinatorische Schaltung wird aber stets das Verhalten einer Booleschen Funktion $f(\mathbf{x})$ am Ausgang y realisiert (2.35).

Als grundlegende Aufgabe für die Synthese einer kombinatorischen Schaltung ergibt sich hieraus die **Auflösung** der Gleichung (2.33) nach der Variablen y des Schaltungsausgangs. Diese Auflösung ist nur möglich, wenn die Systemfunktion $F(\mathbf{x}, y)$ für jede Eingangbelegung $\mathbf{x}$ wenigstens eine Ausgangsbelegung für y zulässt, was durch die **Auflösungsbedingung**
$$\max_y F(\mathbf{x}, y) = 1 \tag{2.36}$$
überprüft werden kann. Im Kontext der Schaltungssynthese wird die Auflösungsbedingung (2.36) auch **Realisierbarkeitsbedingung** genannt.

Falls die Realisierbarkeitsbedingung (2.36) nicht erfüllt wird, so muss die Systemfunktion $F(\mathbf{x}, y)$ um weiteres zulässiges Verhalten erweitert werden. Als Ergebnis der Analyse einer kombinatorischen Schaltung mit einem Ausgang entsteht immer eine Systemfunktion $F(\mathbf{x}, y)$, deren Systemgleichung (2.33) eindeutig nach y auflösbar ist [6]. Die Systemgleichung (2.33) ist eindeutig nach y auflösbar, wenn gilt:

$$\frac{\partial F(\mathbf{x}, y)}{\partial y} = 1 \; . \tag{2.37}$$

In diesem Fall erhält man die zur Schaltungssynthese benötigte Funktion $f(\mathbf{x})$ aus der Systemfunktion $F(\mathbf{x}, y)$ durch

$$f(\mathbf{x}) = \max_y \left(y \wedge F(\mathbf{x}, y)\right) \; . \tag{2.38}$$

Die eindeutige Auflösbarkeit nach der Ausgangsvariable y ist für eine Systemfunktion $F(\mathbf{x}, y)$, die als Ergebnis der Analyse einer kombinatorischen Schaltung entstanden ist, immer gegeben. Mit dem Problemprogramm der Abbildung 2.19 zeigen wir die Auflösung von $F(\mathbf{x}, y)$ aus dem Analyseergebnis in der Abbildung 2.18 (b). Dieses PRP setzt voraus, dass als XBOOLE-Objekt 2 die TVL einer Systemfunktion $F(\mathbf{x}, y)$ in ODA-Form vorhanden ist. Es kann somit zur Auflösung beliebiger Systemfunktionen verwendet werden, die diese Voraussetzung erfüllen.

```
1 tin 1 3
2 y.
3 1.
4 maxk 2 3 4
5 cpl 4 5
6 derk 2 3 6
7 cpl 6 7
8 isc 2 3 8
9 maxk 8 3 9
```

Abbildung 2.19 PRP zur Auflösung von (2.33) für die Systemfunktion $F(\mathbf{x}, y)$ aus der Abbildung 2.18 (b) (XBOOLE- Objekt 2)

Wir wenden das PRP aus der Abbildung 2.19 zur Auflösung der Systemfunktion $F(\mathbf{x}, y)$ an, die als Ergebnis der Ausführung des PRP aus der Abbildung 2.17 als TVL in ODA-Form im XBOOLE-Objekt 2 gespeichert wurde. Die in den Formeln (2.36), (2.37) und (2.38) vorkommende Variable y wird im PRP der Abbildung 2.19 in den Zeilen 1 bis 3 als TVL eingegeben.

Mit der `maxk`-Operation in der Zeile 4 wird die linke Seite der Auflösungsbedingung (2.36) berechnet. Der Wert 1 auf der rechten Seite von (2.36) besagt, dass alle Belegungen $\mathbf{x}$ auf der linken Seite der Gleichung vorkommen müssen. Die `cpl`-Operation der Zeile 5 erleichtert diese Auswertung, denn wenn das XBOOLE-Objekt 4 alle Binärvektoren $\mathbf{x}$ enthält, so wird das Komplement als XBOOLE-Objekt 5 keine Binärvektoren enthalten. Das leere XBOOLE-Objekt 5 bestätigt, dass die Systemgleichung (2.33) für die als XBOOLE-Objekt 2 gegebene Systemfunktion $F(\mathbf{x}, y)$ nach y auflösbar ist.

Mit der `derk`-Operation der Zeile 6 wird die linke Seite von (2.37) berechnet, um zu überprüfen, ob die Systemgleichung (2.33) eindeutig nach y auflösbar ist. Wegen der 1 auf der rechten Seite von 2.37 muss das XBOOLE-Objekt 6 alle Binärvektoren $\mathbf{x}$ enthalten. Die `cpl`-Operation der Zeile 7 erleichtert diese Auswertung in analoger Weise. Das leere XBOOLE-Objekt 7 bestätigt, dass die Systemgleichung (2.33) für die als XBOOLE-Objekt 2 gegebene Systemfunktion $F(\mathbf{x}, y)$ eindeutig nach y auflösbar ist.

Die als Schaltung zu realisierende Boolesche Funktion $f(\mathbf{x})$ wird durch den Ausdruck auf der rechten Seite der Gleichung (2.38) beschrieben. Die dort vorkommende Konjunktion wird mit der `isc`-Operation in der Zeile 8 berechnet und die gesuchte Funktion $f(\mathbf{x})$ (2.39) entsteht als XBOOLE-Objekt 9 als Ergebnis der `maxk`-Operation in der Zeile 9 des PRP der Abbildung 2.19:

$$f(\mathbf{x}) = \overline{x}_1\, x_2\, x_3\, x_4 \vee x_1\, \overline{x}_2\, x_3\, x_4 \vee x_1\, x_2\, \overline{x}_3\, x_4 \vee x_1\, x_2\, x_3\, \overline{x}_4 \;. \tag{2.39}$$

Die Systemfunktion einer kombinatorischen Schaltung kann unter zwei Aspekten verallgemeinert werden.

1. Das zulässige Verhalten kann für mehrere Ausgänge y_j einer kombinatorischen Schaltung gemeinsam beschrieben werden. Die so verallgemeinerte Systemfunktion $F(\mathbf{x}, \mathbf{y})$ enthält anstelle der einen Variablen y den Vektor $\mathbf{y}$ aus mehreren Variablen y_j.

2. Für bestimmte Eingangsbelegungen können die beiden Werte 0 und 1 für einen Ausgang y_i zugelassen werden. Das kommt zum Beispiel vor, wenn bestimmte Eingangsbelegungen in der praktischen Anwendung der kombinatorischen Schaltung nicht auftreten. Die zu realisierende Boolesche Funktion für den entsprechenden Schaltungsausgang kann in diesem Fall aus einem Verband von Funktionen gewählt werden. Diese Wahlmöglichkeit kann zur Vereinfachung der Schaltungsstruktur ausgenutzt werden.

Wir demonstrieren die Synthese einer kombinatorischen Schaltung ausgehend von einer Systemfunktion $F(x_1, x_2, x_3, x_4, y_1, y_2)$ mit vier Eingängen x_i und zwei Ausgängen y_j . Die zulässigen Phasen dieser Systemfunktion sind im Problemprogramm der Abbildung 2.20 in den Zeilen 4 bis 12 angegeben. Da die Variablen in dieser TVL in der gewünschten natürlichen Reihenfolge vorliegen, konnte auf die explizite Zuordnung der Variablen zum Booleschen Raum 1 mit dem XBOOLE-Kommando `avar` verzichtet werden.

Als notwendige Voraussetzung für die Synthese der kombinatorischen Schaltung muss die Systemgleichung

$$F(\mathbf{x}, y_1, y_2) = 1 \tag{2.40}$$

nach (y_1, y_2) auflösbar sein, was durch die Auflösbarkeitsbedingung

$$\max_{\mathbf{y}}{}^k F(\mathbf{x}, \mathbf{y}) = 1 \tag{2.41}$$

```
1  space 6 1                21  tin 1 10
2  tin 1 1                  22  y1.
3  x1 x2 x3 x4 y1 y2.       23  1.
4  0-0-00                   24  isc 4 10 11
5  100000                   25  maxk 11 10 12
6  100101                   26  obb 12 13
7  0-110-                   27  tin 1 20
8  101111                   28  y2.
9  001000                   29  1.
10 011001                   30  mink 5 20 21
11 101-10                   31  isc 5 20 22
12 11--1-.                  32  maxk 22 20 23
13 _maxk 1 <y1 y2> 2        33  dif 23 21 24
14 cpl 2 3                  34  obb 24 25
15 _maxk 1 <y2> 4           35  cpl 20 26
16 _maxk 1 <y1> 5           36  isc 5 26 27
17 _derk 4 <y1> 6           37  maxk 27 20 28
18 cpl 6 7                  38  dif 28 21 29
19 _derk 5 <y2> 8           39  obb 29 30
20 cpl 8 9
```

Abbildung 2.20 PRP zur Synthese einer kombinatorischen Schaltung mit zwei Ausgängen

überprüft werden kann.

Mit der `maxk`-Operation in der Zeile 13 wird die linke Seite der Auflösungsbedingung (2.41) für den speziellen Fall $\mathbf{y} = (y_1, y_2)$ berechnet. Zur vereinfachten Überprüfung, ob die Gleichung (2.40) für die gegebene Systemfunktion $F(\mathbf{x}, y_1, y_2)$ eine Tautologie ist, bilden wir in der Zeile 14 das Komplement. Die leere TVL 3 bestätigt, dass die Systemgleichung (2.40) für die als XBOOLE-Objekt 1 gegebene Systemfunktion $F(\mathbf{x}, y_1, y_2)$ nach den beiden Variablen y_1 und y_2 auflösbar ist.

Die Frage, ob die Systemgleichung (2.40) eindeutig nach den beiden Ausgangsvariablen (y_1, y_2) auflösbar ist, muss für jeden Schaltungsausgang separat geprüft werden. Dazu reduzieren wir die gegebene Systemfunktion $F(\mathbf{x}, y_1, y_2)$ mit Hilfe von `maxk`-Operationen zunächst auf separate Systemfunktionen $F_1(\mathbf{x}, y_1)$ für den Ausgang y_1 und $F_2(\mathbf{x}, y_1)$ für den Ausgang y_2:

$$F_1(\mathbf{x}, y_1) = \max_{y_2} F(\mathbf{x}, y_1, y_2) \tag{2.42}$$

$$F_2(\mathbf{x}, y_2) = \max_{y_1} F(\mathbf{x}, y_1, y_2) \; . \tag{2.43}$$

Im Problemprogramm der Abbildung 2.20 wird die Aufspaltung der Systemfunktion entsprechend den Gleichungen (2.42) und (2.43) mit den `maxk`-Operationen in den Zeilen 15 und 16 vorgenommen.

Zur Überprüfen der eindeutigen Auflösbarkeit muss geprüft werden, ob die Gleichungen

$$\frac{\partial F_1(\mathbf{x}, y_1)}{\partial y_1} = 1 \tag{2.44}$$

$$\frac{\partial F_2(\mathbf{x}, y_2)}{\partial y_2} = 1 \tag{2.45}$$

für die jeweilige Systemfunktion für alle Eingangsbelegungen erfüllt werden. Im Problemprogramm der Abbildung 2.20 wird diese Überprüfung in den Zeilen 17 und 18 für $F_1(\mathbf{x}, y_1)$ und in den Zeilen 19 und 20 für $F_2(\mathbf{x}, y_2)$ vorgenommen. Die leere TVL 7 zeigt an, dass die Gleichung $F_1(\mathbf{x}, y_1) = 1$ eindeutig nach y_1 aufgelöst werden kann. Die TVL 9 ist nicht leer und es ergibt sich als Schlussfolgerung, dass die Funktion $y_2 = f_2(\mathbf{x})$ aus den Funktionen eines **Verbandes Boolescher Funktionen** ausgewählt werden kann.

Die eindeutige Auflösungsfunktion $f_1(\mathbf{x})$ wird durch

$$f_1(\mathbf{x}) = \max_{y_1}(y_1 \wedge F_1(\mathbf{x}, y_1)) \; . \tag{2.46}$$

definiert und im PRP der Abbildung 2.20 in den Zeilen 21 bis 26 berechnet. Es ergibt sich als XBOOLE-Objekt 13:

$$f_1(\mathbf{x}) = x_1\,\overline{x}_2\,x_3 \vee x_1\,x_2 \;. \tag{2.47}$$

Der Verband Boolescher Funktionen, aus dem die Funktion $f_2(\mathbf{x})$ der kombinatorischen Schaltung gewählt werden kann, wird durch drei Kennfunktionen spezifiziert:

1. Die **Sperrfunktion** $\varphi(\mathbf{x})$ nimmt für die Belegungen $\mathbf{x}$ den Wert 1 an, für die der Funktionswert der zu realisierenden Funktion (hier $f_2(\mathbf{x})$) beliebig gewählt werden kann. Die Boolesche Gleichung $\varphi(\mathbf{x}) = 0$ wird als **Nebenbedingung** bezeichnet und hat als Lösung die Belegungsvektoren $\mathbf{x}$, für die die Schaltung die vorgegebenen Funktionswerte realisiert. Für die Belegungen mit $\varphi(\mathbf{x}) = 1$ sind in der Systemfunktion $F_2(\mathbf{x}, y_2)$ die Werte $y_2 = 0$ und $y_2 = 1$ enthalten, so dass die Sperrfunktion durch

$$\varphi(\mathbf{x}) = \min_{y_2} F_2(\mathbf{x}, y_2) \tag{2.48}$$

berechnet werden kann.

2. Das **Infimum** $q(\mathbf{x})$ ist die Funktion im Verband mit der kleinsten Anzahl von Einsen in ihrer Funktionentabelle. Die Einsen von $q(\mathbf{x})$ treten in allen Funktionen des Verbandes auf. Deswegen wird $q(\mathbf{x})$ mitunter auch als **Eins-Funktion** bezeichnet. Diese Kennfunktion des Verbandes Boolescher Funktionen wird durch

$$q(\mathbf{x}) = \max_{y_2}(y_2 \wedge F(\mathbf{x}, y_2)) \wedge \overline{\varphi(\mathbf{x})} \tag{2.49}$$

berechnet.

3. Das **Supremum** $p(\mathbf{x})$ ist die Funktion im Verband mit der größten Anzahl von Einsen in ihrer Funktionentabelle. Als Kennfunktion

des Verbandes wird bevorzugt ihr Komplement $r(\mathbf{x}) = \overline{p(\mathbf{x})}$ verwendet. Die Funktion $r(\mathbf{x})$ besitzt für die Belegungen $\mathbf{x}$ den Wert 1, für die alle Funktionen des Verbandes den Wert 0 haben. Die Kennfunktion $r(\mathbf{x})$ wird deshalb auch als **Null-Funktion** bezeichnet und wird durch

$$r(\mathbf{x}) = \max_{y_2}(\overline{y}_2 \wedge F(\mathbf{x}, y_2)) \wedge \overline{\varphi(\mathbf{x})} \tag{2.50}$$

berechnet.

Im Problemprogramm der Abbildung 2.20 wird

- die Sperrfunktion $\varphi(\mathbf{x})$ als XBOOLE-Objekt 21 in der Zeile 30,
- die Eins-Funktion $q(\mathbf{x})$ als XBOOLE-Objekt 25 in den Zeilen 31 bis 34 und
- die Null-Funktion $r(\mathbf{x})$ als XBOOLE-Objekt 30 in den Zeilen 35 bis 39

berechnet; die Ergebnisse sind:

$$\varphi(\mathbf{x}) = x_1\,\overline{x}_2\,x_3\,x_4 \vee \overline{x}_1\,x_3\,x_4 \vee x_1\,x_2\ , \tag{2.51}$$

$$q(\mathbf{x}) = x_1\,\overline{x}_2\,\overline{x}_3\,x_4 \vee \overline{x}_1\,x_2\,x_3\,\overline{x}_4\ , \tag{2.52}$$

$$r(\mathbf{x}) = \overline{x}_1\,\overline{x}_3 \vee x_1\,\overline{x}_2\,\overline{x}_4 \vee \overline{x}_1\,\overline{x}_2\,x_3\,\overline{x}_4\ . \tag{2.53}$$

Optimale mehrstufige kombinatorische Schaltungen können mit Hilfe der Bi-Dekomposition [5], [11] synthetisiert werden. Die Bi-Dekomposition zerlegt eine Funktion in einfachere Teilfunktionen, die durch ein UND-Gatter, ein ODER-Gatter oder ein EXOR-Gatter verknüpft die ursprüngliche Funktion ergeben. Die gegebene Funktion muss dafür allerdings eine bestimmte Bedingung erfüllen. Die Theorie dazu ist ausführlich in [5] beschrieben. Wir beschränken uns hier auf die Berechnungsschritte für die im PRP der Abbildung 2.20 gegebene Systemfunktion $F(\mathbf{x}, y_1, y_2)$.

Im Ausdruck der Boolesche Funktion $f_1(\mathbf{x})$ (XBOOLE-Objekt 12) kommen die Variablen x_1, x_2, x_3 und x_4 vor. Wegen

$$\frac{\partial f_1(x_1, x_2, x_3, x_4)}{\partial x_4} = 0 \tag{2.54}$$

ist $f_1(\mathbf{x})$ von x_4 unabhängig und kann zu

$$f_1(x_1, x_2, x_3) = \max_{x_4} f_1(x_1, x_2, x_3, x_4) \tag{2.55}$$

vereinfacht werden. Die Funktion $f_1(x_1, x_2, x_3)$ ist bezüglich der Variablenmengen $\{x_1\}$ und $\{x_2, x_3\}$ AND-bi-dekomponierbar, weil sie die Bedingung

$$\overline{f_1(x_1, x_2, x_3)} \wedge \max_{x_1} f_1(x_1, x_2, x_3) \wedge \max_{x_2, x_3}{}^2 f_1(x_1, x_2, x_3) = 0 \tag{2.56}$$

erfüllt.

Unter dieser Voraussetzung können die Dekompositionsfunktionen $g_1(x_1)$ und $h_1(x_2, x_3)$ nach

$$g_1(x_1) = \max_{x_2, x_3}{}^2 f_1(x_1, x_2, x_3) \ , \tag{2.57}$$

$$h_1(x_2, x_3) = \max_{x_1} f_1(x_1, x_2, x_3) \tag{2.58}$$

berechnet werden; die Ergebnisse dieser AND-Bi-Dekomposition sind:

$$g_1(x_1) = x_1 \ , \tag{2.59}$$

$$h_1(x_2, x_3) = x_2 \vee x_3 \ . \tag{2.60}$$

Mit Hilfe der Theorie der Bi-Dekomposition kann auch direkt ermittelt werden, ob es in einem **Funktionenverband** eine bezüglich vorgegebener Variablenmengen bi-dekomponierbare Funktionen gibt. In dem Funktionenverband mit den Kennfunktionen $q(\mathbf{x})$ (2.52) und $r(\mathbf{x})$ (2.53) gibt es wenigstens eine Funktion, die bezüglich der Variablenmengen $\{x_2, x_3\}$ und $\{x_1, x_4\}$ OR-bi-dekomponierbar ist, weil gilt:

$$q(x_1, x_2, x_3, x_4) \wedge \max_{x_2,x_3}{}^2 r(x_1, x_2, x_3, x_4) \wedge \max_{x_1,x_4}{}^2 r(x_1, x_2, x_3, x_4) = 0 \ . \tag{2.61}$$

Der gegebene Funktionenverband wird in zwei einfachere Funktionenverbände für $g_2(\mathbf{x})$ und $h_2(\mathbf{x})$ zerlegt:

$$q_{g_2}(x_2, x_3) = \max_{x_1,x_4}{}^2 \left(q(x_1, x_2, x_3, x_4) \wedge \max_{x_2,x_3}{}^2 r(x_1, x_2, x_3, x_4) \right) \ , \tag{2.62}$$

$$r_{g_2}(x_2, x_3) = \max_{x_1,x_4}{}^2 r(x_1, x_2, x_3, x_4) \ , \tag{2.63}$$

$$q_{h_2}(x_1, x_4) = \max_{x_2,x_3}{}^2 \left(q(x_1, x_2, x_3, x_4) \wedge \overline{g_2(x_2, x_3)} \right) \ , \tag{2.64}$$

$$r_{h_2}(x_1, x_4) = \max_{x_2,x_3}{}^2 r(x_1, x_2, x_3, x_4) \ . \tag{2.65}$$

Die Funktion $g_2(\mathbf{x})$ in (2.64) ist die Funktion, die aus dem Funktionenverband realisiert wurde, der durch die Kennfunktionen $q_{g_2}(x_2, x_3)$ und $r_{g_2}(x_2, x_3)$ beschrieben ist.

```
1  _derk 13 <x4> 40
2  _maxk 13 <x4> 41
3  cpl 41 42
4  _maxk 41 <x1> 43
5  _maxk 41 <x2 x3> 44
6  isc 42 43 45
7  isc 45 44 45
8  _maxk 30 <x2 x3> 50
9  _maxk 30 <x1 x4> 51
10 isc 25 50 52
11 isc 52 51 52
12 isc 25 50 53
13 _maxk 53 <x1 x4> 54
14 cpl 54 55
15 isc 25 55 56
16 _maxk 56 <x2 x3> 57
```

Abbildung 2.21 PRP zur mehrstufigen Synthese mittels Bi-Dekomposition

Das PRP der Abbildung 2.21 realisiert alle Berechnungen der Formeln (2.54) bis (2.65). Dieses PRP setzt voraus, dass die Funktion $f_1(\mathbf{x})$ als XBOOLE-Objekt 13 und der Funktionenverband für den Ausgang y_2

durch $q(\mathbf{x})$ als XBOOLE-Objekt 25 und $r(\mathbf{x})$ als XBOOLE-Objekt 30 vorliegen, was durch das PRP aus der Abbildung 2.20 realisiert wird.

Die leere TVL 40, die als Ergebnis der `derk`-Operation in der Zeile 1 entsteht, zeigt an, dass $f_1(\mathbf{x})$ von x_4 unabhängig ist. Die `maxk`-Operation in der Zeile 2 entfernt die Variable x_4 aus $f_1(\mathbf{x})$. Die Zeilen 3 bis 7 realisieren die Berechnungen der linken Seite von (2.56). Die leere TVL 45 zeigt an, dass $f_1(x_1, x_2, x_3)$ bezüglich der Variablenmengen $\{x_1\}$ und $\{x_2, x_3\}$ AND-bi-dekomponierbar ist. Die Dekompositionsfunktion $g_1(x_1)$ wurde bereits in der Zeile 5 als TVL 44 mit dem Ergebnis (2.59) berechnet. Die zweite Dekompositionsfunktion $h_1(x_2, x_3)$ wurde ebenfalls bereits als TVL 43 in der Zeile 4 mit dem Ergebnis (2.60) berechnet.

Zur Überprüfung, ob es in dem durch $q(\mathbf{x})$ (2.52) und $r(\mathbf{x})$ (2.53) beschriebenen Funktionenverband eine bezüglich der Variablenmengen $\{x_2, x_3\}$ und $\{x_1, x_4\}$ OR-bi-dekomponierbare Funktion gibt, wird in den Zeilen 8 bis 11 der Wert der linken Seite von (2.61) berechnet. Die in der Zeile 11 berechnete leere TVL 52 zeigt an, dass diese Dekomposition möglich ist. Die Eins-Funktion $q_{g_2}(x_2, x_3)$ (2.62) wird in den Zeilen 12 und 13 berechnet. Als TVL 54 erhält man die Funktion $q_{g_2}(x_2, x_3) = x_2\, x_3$. Die zugehörige Null-Funktion $r_{g_2}(x_2, x_3)$ (2.63) wurde schon zur Überprüfung als TVL 51 in der Zeile 9 berechnet. Wegen des speziellen Ergebnisses $r_{g_2}(x_2, x_3) = \overline{q_{g_2}(x_2, x_3)}$, ist die Dekompositionsfunktion $g_2(x_2, x_3)$ eindeutig bestimmt:

$$g_2(x_2, x_3) = q_{g_2}(x_2, x_3) = x_2\, x_3 \; . \tag{2.66}$$

Mit diesem Wissen kann nun das PRP um die Zeilen 14 bis 16 erweitert werden, in denen $q_{h2}(x_1, x_4)$ entsprechend (2.64) als TVL 57 mit dem Ergebnis $q_{h2}(x_1, x_4) = x_1 x_4$ berechnet wird. Die zugehörige Null-Funktion $r_{h2}(x_1, x_4)$ wurde bereits in der Zeile 8 als TVL 50 mit dem Ergebnis $r_{h2}(x_1, x_4) = \overline{x}_1 \vee \overline{x}_4$ berechnet. Auch die Dekompositionsfunktion $h_2(x_1, x_2)$ ist in diesem Beispiel eindeutig bestimmt:

$$h_2(x_1, x_4) = q_{h_2}(x_1, x_4) = x_1 x_4 \; . \tag{2.67}$$

Durch die beiden Bi-Dekompositionen sind alle Dekompositionsfunktionen so einfach geworden, dass sie direkt als Gatter realisiert werden können. Die Abbildung 2.22 zeigt die synthetisierte Schaltung.

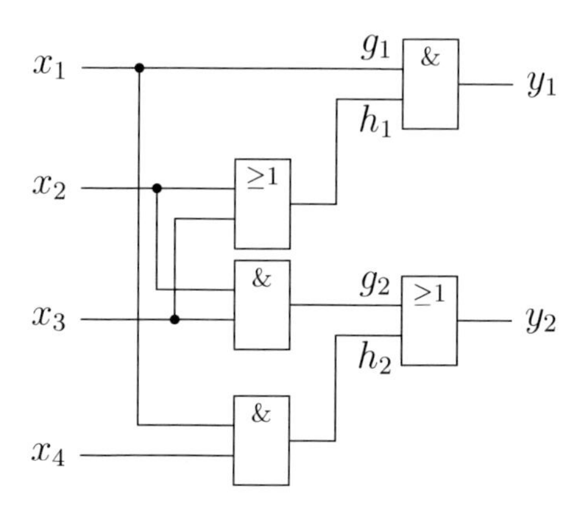

Abbildung 2.22 Synthetisierte kombinatorische Schaltung

Viele weitere Anwendungen von XBOOLE zum Entwurf digitaler Schaltungen sind in [2], [5], [7], [11] enthalten. Dort wird unter anderem erklärt, dass das Verhalten von sequentiellen Schaltungen mit einer Systemfunktion $F(\mathbf{x}, \mathbf{z}, \mathbf{zf}, \mathbf{y})$ beschrieben werden kann. Neu sind hier die Variablen $\mathbf{z}$ zur Speicherung des Zustands und die Variablen $\mathbf{zf}$ für die Überführungsfunktionen (sie beschreiben die Zustandsänderung) analog zu den bekannten Variablen $\mathbf{y}$ der Ergebnisfunktionen. Die in diesem Abschnitt beschriebene Methode der Schaltungssynthese durch das Auflösen der Systemgleichung kann somit auch auf die Synthese sequentieller Schaltungen als Realisierung von Automaten angewendet werden.

2.5 Aufgaben

Aufgabe 2.1. Auf einem Schachbrett der Größe 4×4 sollen Läufer so aufgestellt werden, dass sie alle Felder, aber keinen anderen Läufer bedrohen. Jeder Läufer bedroht alle Felder auf den beiden Diagonalen, die sich in seinem Feld kreuzen. Wie viele verschiedene Lösungen gibt es? Wie viele Läufer befinden sich dabei jeweils auf dem Schachbrett?

Lösungshinweis: Durch die Bezeichnung der Spalten mit den Buchstaben a, b, c und d und der Zeilen mit den Ziffern $1, 2, 3$ und 4 können 16 Boolesche Variablen $a_1, \ldots, d_4$ gebildet werden, deren Wert 1 das Vorhandensein eines Läufers beschreibt. Mit diesen Variablen lassen sich zunächst 16 Restriktionen bilden, die beschreiben, auf welchen Feldern kein anderer Läufer stehen darf, wenn ein Läufer auf einem konkreten Feld steht. Die Restriktionen (Konjunktionen) können disjunktiv für jede der 10 Diagonalen verknüpft werden. Auf diese Weise entsteht ein System Boolescher Gleichungen, das von 16 Variablen abhängt und in einem PRP mit dem XBOOLE-Monitor gelöst werden kann.

Aufgabe 2.2. Der Erreichbarkeitsgraph G^{er} eines Graphen G ist ein Graph, in dem gerichtete Kanten zwischen allen den Paaren von Knoten (A, B) zur Kantenmenge gehören, für die es im ursprünglichen Graph G einen Weg von A nach B über beliebig viele Kanten gibt. Berechnen Sie den Erreichbarkeitsgraph für den in der Abbildung 2.23 gegebenen Graph G. Erstellen Sie ein Problemprogramm zur Lösung dieser Aufgabe. Wie viele Iterationen zur Erweiterung des Graphen mit transitiven Kanten sind für den gegeben Graph G erforderlich? Wie viele Kanten hat der Erreichbarkeitsgraph G^{er} für den Graph G aus der Abbildung 2.23?

Lösungshinweis: Der gesuchte Erreichbarkeitsgraph G^{er} kann durch Erweiterung von G mit transitiven Kanten berechnet werden. Es genügen n iterative Erweiterungen mit den rekursiven Kanten, um alle transiti-

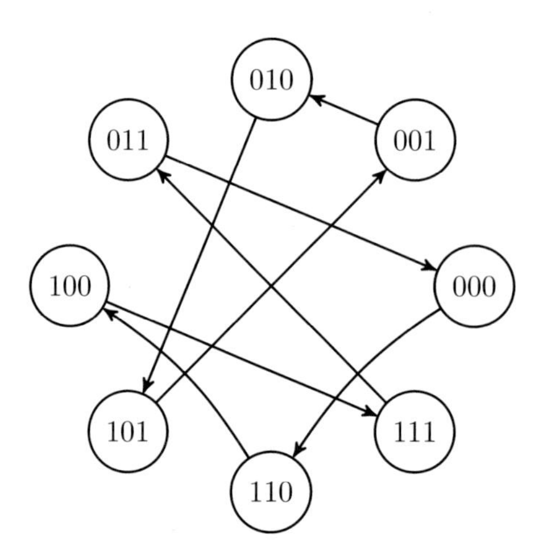

Abbildung 2.23 Graph G mit acht Knoten und acht Kanten

ven Kanten für Wege mit einer Länge bis zu 2^n zu finden. Da die gleichen Variablentupel zur Steuerung der Verschiebung und für die `maxk`-Operationen mehrfach benötigt werden, ist es vorteilhaft, die Variablentupel einmal zu definieren und dann wiederholt zu verwenden.

Aufgabe 2.3. Die Komponenten G_i^k eines Graphen beschreiben Teilgraphen, in denen jeder Knoten von jedem Knoten der Komponente über vorhandene Kanten erreicht werden kann. Wenn ein Graph aus mehreren Komponenten besteht, kann er in diese Teilgraphen zerlegt werden, was zu einer Vereinfachung der weiteren Bearbeitung führt. Berechnen Sie die Teilgraphen der Komponenten für den Graph G aus der Abbildung 2.23. Erstellen Sie ein Problemprogramm, das auf dem erfolgreich ausgeführten Problemprogramm aus der Aufgabe 2.2 aufbaut und somit alle dort gespeicherten XBOOLE-Objekte verwenden kann. Wie viele Komponenten hat der Graph G aus der Abbildung 2.23? Stellen Sie die Teilgraphen dieser Komponenten graphisch dar.

Lösungshinweis: Die Teilgraphen von stark zusammenhängenden Komponenten kann man im Erreichbarkeitsgraphen voneinander isolieren, indem aus dem Erreichbarkeitsgraph alle Kanten von A nach B entfernt werden, für die es keine Kante von B nach A gibt. In dem so reduzierten Erreichbarkeitsgraph gibt es von jedem Knoten einer Komponente zu allen Knoten, die zur Komponente gehören, eine Kante. Man kann also einen beliebigen Knoten auswählen und, ausgehend von diesem Knoten, den Teilgraphen der Komponente ermitteln. Wenn man alle Knoten einer Komponente aus dem reduzierten Erreichbarkeitsgraphen entfernt, kann man in gleicher Weise jeweils eine weitere Komponente finden.

Aufgabe 2.4. Der amerikanische Mathematiker George David Birkhoff hat sich unter anderem mit der Färbung von Graphen beschäftigt. Nach ihm wird der in der Abbildung 2.24 dargestellte Graph als Birkhoff'scher Diamant bezeichnet. Wie viele Möglichkeiten gibt es, diesen Graph G^{bd} mit vier Farben so zu färben, dass keine zwei benachbarten Knoten die gleiche Farbe aufweisen? Wie viele Boolesche Variablen werden zum Lösen dieses Problems benötigt? Lösen Sie diese Aufgabe mit der Methode, die zur Färbung des Graphen aus der Abbildung 2.14 verwendet wurde.

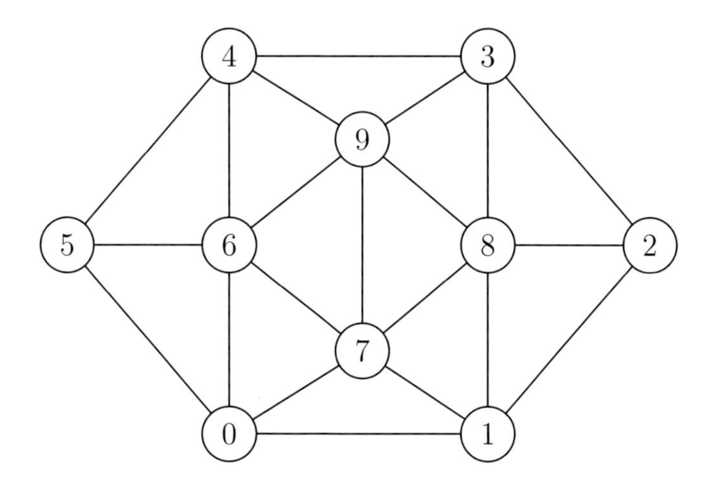

Abbildung 2.24 Graph G^{bd}: Birkhoff'scher Diamant

Aufgabe 2.5. Eine gerichtete Kante von einem Knoten $\mathbf{x}$ zu einem andern Knoten $\mathbf{x}'$ in einem Graphen kann durch einen Binärvektor mit den Kodierungen der beiden Knoten beschrieben werden. Alternativ kann man aber auch die Kodierung des Startknotens mit den Werten $\mathbf{x}$ zusammen mit den Booleschen Werten ihrer Änderungen $\mathbf{dx}$ verwenden. Es gilt:

$$\mathrm{d}x_i = x_i \oplus x_i' \ . \tag{2.68}$$

Die Darstellung der Kanten des gesuchten Graphen durch Binärvektoren $(\mathbf{x}, \mathbf{dx})$ eignet sich zur Lösung dieser Aufgabe.

Ein Fährmann, ein Wolf, eine Ziege und ein Kohlkopf befinden sich am linken Ufer eines Flusses und sollen das andere Ufer erreichen. Für das Überqueren des Flusses gelten folgende Bedingungen:

1. Ohne den Fährmann darf weder Wolf und Ziege noch Ziege und Kohlkopf an einem Ufer sein, da sonst der Wolf die Ziege fressen würde bzw. die Ziege den Kohlkopf verspeist.

2. Das Boot kann nur vom Fährmann gesteuert werden, d.h. weder der Wolf noch die Ziege oder der Kohlkopf können das Boot ohne den Fährmann benutzen.

3. Das Boot ist so klein, dass außer dem Fährmann nur der Wolf oder die Ziege oder der Kohlkopf im Boot Platz haben.

4. Eine unter 1. beschriebene Situation darf nicht erreicht werden.

5. Da das andere Ufer erreicht werden soll, wird ausgeschlossen, dass alle vier „Reisenden“ an einem Ufer verharren.

Geben Sie für jede der fünf Bedingungen die Boolesche Gleichung an. Erstellen Sie ein Problemprogramm zur Berechnung des Graphen, der die erforderlichen Bootsfahrten beschreibt. Stellen Sie die Lösungs-TVL als Graph dar.

Aufgabe 2.6. Berechnen Sie die Systemfunktion $F(\mathbf{x}, y)$ der Schaltung aus der Abbildung 2.25 mit Hilfe eines Problemprogramms im XBOOLE-Monitor. Welche Funktion $f(\mathbf{x})$ entsteht am Ausgang y dieser Schaltung? Wie viele Funktionswerte 1 besitzt diese Funktion $f(\mathbf{x})$?

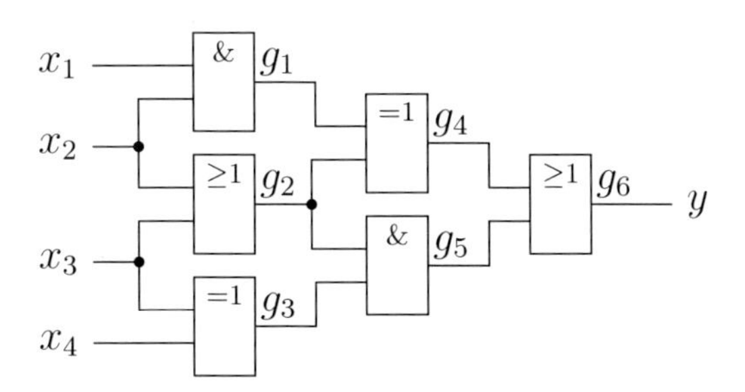

Abbildung 2.25 Kombinatorische Schaltung mit 6 Gattern

Aufgabe 2.7. Eine Bi-Dekomposition zerlegt eine Funktion $f(\mathbf{x}_a, \mathbf{x}_b, \mathbf{x}_c)$ in die Dekompositionsfunktionen $g(\mathbf{x}_a, \mathbf{x}_c)$ und $h(\mathbf{x}_b, \mathbf{x}_c)$. Die Aufteilung aller Variablen $\mathbf{x}$ auf die drei Variablenmengen $\{\mathbf{x}_a\}$, $\{\mathbf{x}_b\}$ und $\{\mathbf{x}_c\}$ ist dabei zunächst unbekannt. Ob eine Bi-Dekomposition für ein UND-, ODER- oder Antivalenz-Gatter (EXOR) existiert, kann man durch Überprüfung der entsprechenden Bedingung für alle Kombinationen von jeweils einer Variable in den Mengen $\{\mathbf{x}_a\}$ und $\{\mathbf{x}_b\}$ feststellen. Gibt es eine EXOR-Bi-Dekomposition für die Funktion (2.69)? Lösen Sie diese Aufgabe mit einem Problemprogramm. Geben Sie alle Paare von Variablen an, für die diese Bi-Dekomposition möglich ist.

$$f(\mathbf{x}) = \overline{x}_1\, x_2\, \overline{x}_3\, \overline{x}_4\, x_5 \oplus (x_1\, x_2\, x_3\, x_4\, \overline{x}_5 \vee x_2\, \overline{x}_3\, (\overline{x}_4 \vee x_5) \vee \\ \overline{x}_1\, \overline{x}_2\, \overline{x}_4\, \overline{x}_5 \vee \overline{x}_2\, (x_1 \oplus x_4\, \overline{x}_5) \vee \overline{x}_1\, x_3\, \overline{x}_5) \qquad (2.69)$$

Lösungshinweis: Ein EXOR-Bi-Dekomposition bezüglich der Variablen x_a und x_b existiert, wenn gilt:

$$\frac{\partial^2 f(x_a, x_b, \mathbf{x}_c)}{\partial x_a\, \partial x_b} = 0 \; . \qquad (2.70)$$

Aufgabe 2.8. Falls eine EXOR-Bi-Dekomposition für mehrere Paare von Variable existiert, so kann es auch eine EXOR-Bi-Dekomposition geben, in der mehrere Variablen zu den Mengen $\{\mathbf{x}_a\}$ und $\{\mathbf{x}_b\}$ gehören. Eine EXOR-Bi-Dekomposition bezüglich einer Variablen x_a und einer Variablenmenge $\{\mathbf{x}_b\}$ existiert, falls gilt:

$$\Delta_{\mathbf{x}_b} \frac{\partial f(x_a, \mathbf{x}_b, \mathbf{x}_c)}{\partial x_a} = 0 \; . \tag{2.71}$$

Überprüfen Sie ob eine solche EXOR-Bi-Dekomposition für die Funktion $f(\mathbf{x})$ (2.69) existiert. Ermitteln Sie aus der Lösung der Aufgabe 2.7, welche Variablenmenge $\{\mathbf{x}_b\}$ in Frage kommt. Berechnen Sie in einem Problemprogramm die Dekompositionsfunktionen und weisen die Korrektheit dieser EXOR-Bi-Dekomposition nach. Geben Sie einen durch die EXOR-Bi-Dekomposition vereinfachten Funktionsausdruck für die Funktion $f(\mathbf{x})$ (2.69) an.

Lösungshinweis: Die Delta-Operation kann im XBOOLE-Monitor entsprechend ihrer Definition (1.21) mit Hilfe der `mink`-Operation und der `maxk`-Operation berechnet werden. Falls (2.71) erfüllt wird, können die Dekompositionsfunktionen durch

$$g(x_a, \mathbf{x}_c) = \max_{\mathbf{x}_b}{}^k \left(\overline{x}_{b_1} \wedge \ldots \wedge \overline{x}_{b_k} \wedge f(x_a, \mathbf{x}_b, \mathbf{x}_c)\right) \; , \tag{2.72}$$

$$h(\mathbf{x}_b, \mathbf{x}_c) = \max_{x_a}(f(x_a, \mathbf{x}_b, \mathbf{x}_c) \oplus g(x_a, \mathbf{x}_c)) \tag{2.73}$$

berechnet werden.

3 Lösungen der Aufgaben

3.1 Lösungen zum Abschnitt 1

Lösung 1.1. Die Abbildung 1.1 auf der Seite 29 zeigt die Gesamtansicht des XBOOLE-Monitors in einen kleinen Fenster. Aus dem umfangreichen Hilfesystem gibt die Abbildung 3.1 die Seite mit der Übersicht über die im XBOOLE-Monitor nutzbaren Befehle wieder.

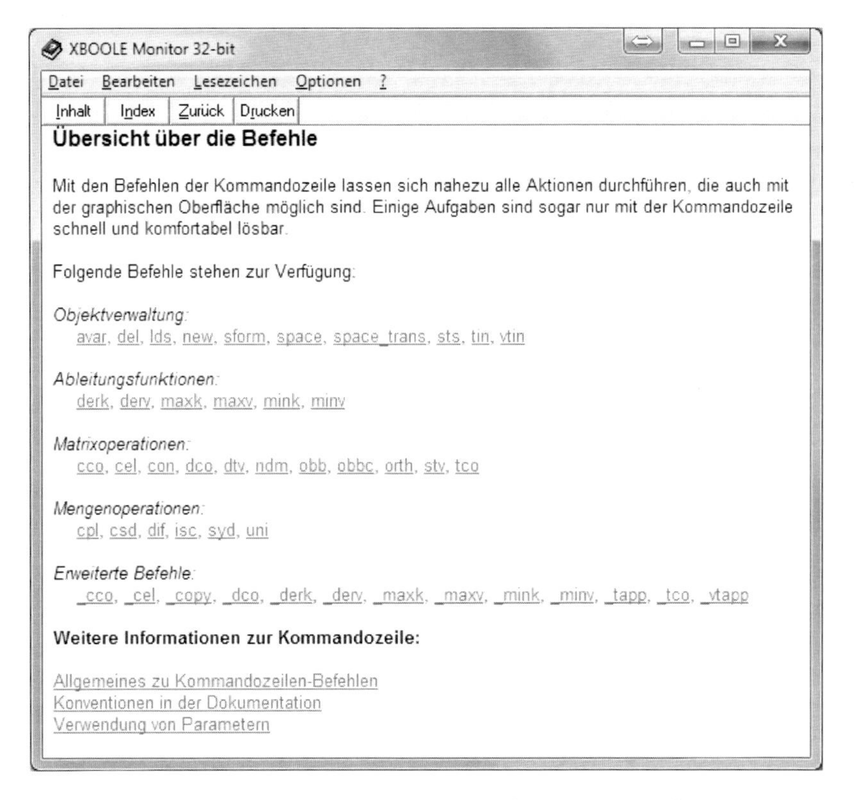

Abbildung 3.1 XBOOLE-Monitor Hilfethemen: Befehlsübersicht

Lösung 1.2. Nur die Funktionen $f_1(\mathbf{x})$ und $f_4(\mathbf{x})$ aus der Aufgabe 1.2 sind identisch.

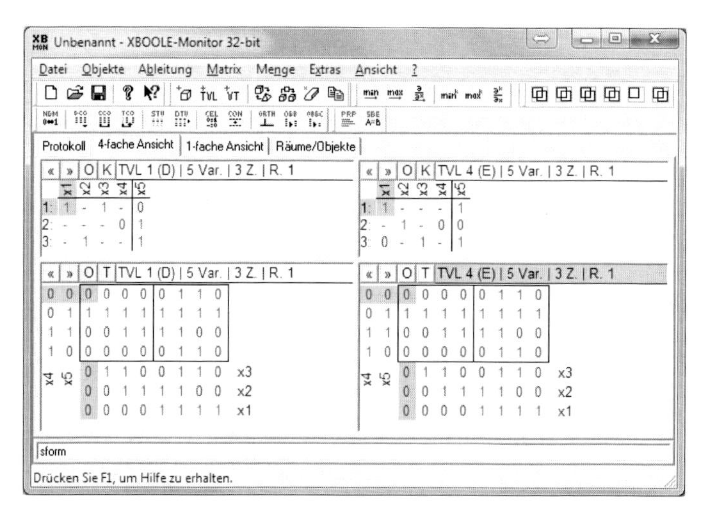

Abbildung 3.2 Identische Funktionen in D-Form bzw. E-Form

Lösung 1.3. Die Abbildung 3.3 zeigt das PRP, in dem die minimale ODA-Form der Funktion $f(\mathbf{x})$ in drei Varianten berechnet wird.

```
 1 space 5 1
 2 tin 1 1
 3 x1.
 4 1.
 5 tin 1 2
 6 x2.
 7 1.
 8 tin 1 3
 9 x3.
10 1.
11 tin 1 4
12 x4.
13 1.
14 tin 1 5
15 x5.
16 1.
17 syd 1 3 10
18 cpl 2 11
19 uni 10 11 12
20 csd 12 4 13
21 cpl 13 14
22 cpl 5 15
23 uni 15 2 16
24 isc 14 16 17
25 obbc 17 18
26 sbe 1 20
27 /((/x2+(x1#x3))
28 =x4)&(x5>x2)=1.
29 obbc 20 21
30 sbe 1 22
31 /((/x2+(x1#x3))
32 =x4)&(x5>x2).
33 obbc 22 23
34 syd 18 21 24
35 syd 18 23 25
```

Abbildung 3.3 PRP mit drei Varianten zum Ermitteln einer minimalen ODA-Form

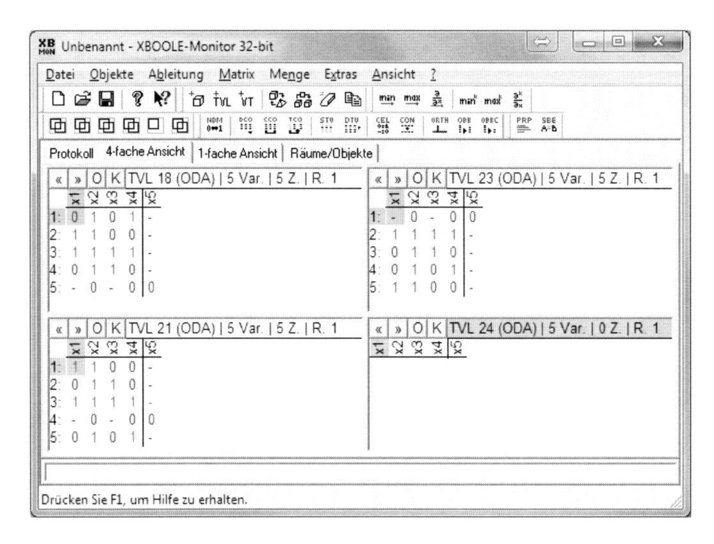

Abbildung 3.4 Identische Funktionen in ODA-Form

Leere TVL 24 und 25 sowie die Abbildung 3.4 belegen, dass sich bis auf die Reihenfolge auf allen drei Lösungswegen die gleiche minimale ODA-Form aus fünf Ternärvektoren ergibt. Auf `=1` kann verzichtet werden, da das Gleichheitszeichen die Bedeutung der Äquivalenz $\odot$ hat und das Gesetz $a \odot 1 = a$ für alle a gilt.

Lösung 1.4. Zunächst wird jede Gleichung des Systems (1.27) separat in eine homogene restriktive Gleichung umgeformt:

$$\begin{aligned} (x_2 \vee \overline{x}_3) \oplus (x_2 \oplus x_5) &= 0 \\ (x_1 \rightarrow x_4) \oplus (x_3 \wedge \overline{x}_5) &= 0 \ . \end{aligned} \tag{3.1}$$

Die Lösungsmenge eines Gleichungssystems enthält alle Binärvektoren, die Lösung jeder einzelnen Gleichung sind; die Disjunktion der Ausdrücke der beiden Gleichungen (3.1) erfüllt diese Forderung.

$$((x_2 \vee \overline{x}_3) \oplus (x_2 \oplus x_5)) \vee ((x_1 \rightarrow x_4) \oplus (x_3 \wedge \overline{x}_5)) = 0 \tag{3.2}$$

Das PRP aus der Abbildung 3.5 berechnet die Lösungsmengen für das

```
1  space 5 1                      7  obbc 1 2
2  avar 1                         8  sbe 1 3
3  x1 x2 x3 x4 x5.                9  ((x2+/x3)#(x2#x5))+
4  sbe 1 1                        10 ((x1>x4)#(x3&/x5))=0.
5  (x2+/x3)=(x2#x5),              11 obbc 3 4
6  (x1>x4)=(x3&/x5).              12 syd 2 4 5
```

Abbildung 3.5 PRP mit zwei Varianten zum Lösen eines Systems Boolescher Gleichungen

Gleichungssystem (1.27) und die Boolesche Gleichung (3.2) und bestätigt durch die leere Menge der TVL 5, dass die beiden Lösungsmengen identisch sind. Die Abbildung 3.6 zeigt durch die gemeinsame Darstellung der

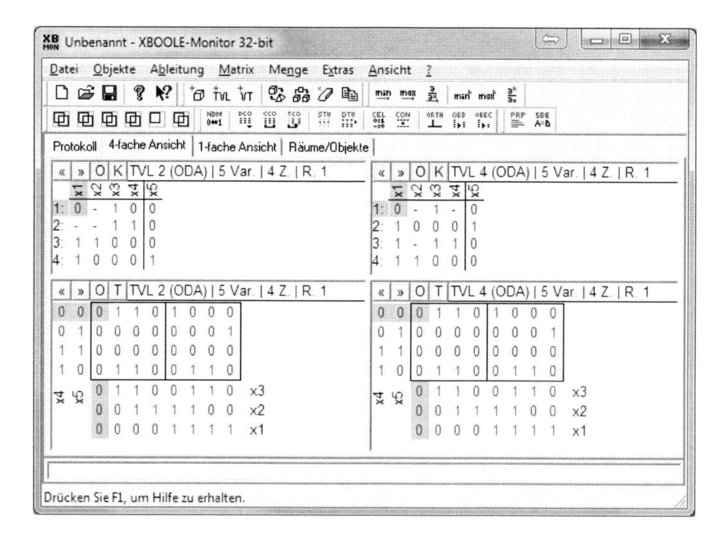

Abbildung 3.6 Identische Lösungsmengen mit verschiedener TVL

TVL und Karnaugh-Pläne, dass die gleiche Menge von Binärvektoren auf unterschiedliche Weise mit Ternärvektoren dargestellt werden kann.

Lösung 1.5. Das PRP aus der Abbildung 3.7 berechnet alle einfachen Ableitungsoperationen der Funktion $f(\mathbf{x})$ (1.26) und weist durch leere Mengen als Lösung der `dif`-Operationen in den Zeilen 13 und 14 nach,

```
 1  space 5 1                 8  x2.
 2  avar 1                    9  derk 1 2 3
 3  x1 x2 x3 x4 x5.          10  mink 1 2 4
 4  sbe 1 1                  11  maxk 1 2 5
 5  /((/x2+(x1#x3))          12  obb 5 5
 6  =x4)&(x5>x2).            13  dif 4 1 10
 7  vtin 1 2                 14  dif 1 5 11
```

Abbildung 3.7 PRP zur Berechnung der einfachen Ableitungsoperationen von $f(\mathbf{x})$ nach x_2 und Nachweise der Ungleichung (1.28)

dass die Ungleichung (1.28) erfüllt ist.

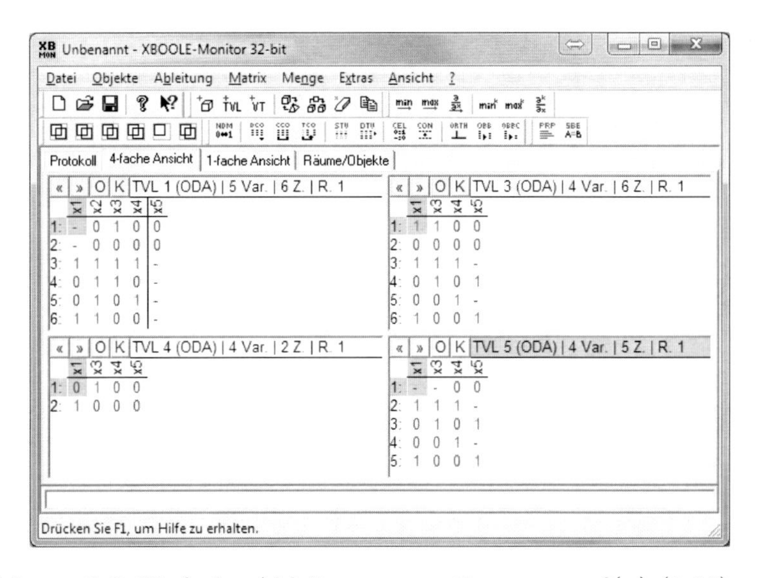

Abbildung 3.8 Einfache Ableitungsoperationen von $f(\mathbf{x})$ (1.26) nach x_2

Die Abbildung 3.8 zeigt links oben die TVL der Funktion (1.26) sowie deren Ableitung nach x_2 (TVL 3: rechts oben), Minimum nach x_2 (TVL 4: links unten) und Maximum nach x_2 (TVL 5: rechts unten), in denen die Variable x_2 nicht mehr vorkommt.

3.2 Lösungen zum Abschnitt 2

Lösung 2.1. Das Problemprogramm der Abbildung 3.9 spezifiziert den erforderlichen Booleschen Raum $\mathbb{B}^{16}$, legt zur leichteren Auswertung der Lösungen die Reihenfolge der 16 Booleschen Variablen fest und übergibt dem sbe-Kommando das zu lösende System aus 10 Booleschen Gleichungen. In Abhängigkeit von der Länge der Diagonalen enthalten die Gleichungen 2, 3 oder 4 Konjunktionen. In jeder Konjunktion gibt die erste Variable die Position des Läufers an und danach werden mit negierten Variablen die Felder ausgeschlossen, auf denen bei dieser Voraussetzung kein Läufer stehen darf.

```
1  space 16 1
2  avar 1
3  a1 b1 c1 d1 a2 b2 c2 d2
4  a3 b3 c3 d3 a4 b4 c4 d4.
5  sbe 1 1
6  c1&/d2&/b2&/a3+
7  d2&/c1&/c3&/b4=1,
8  b1&/c2&/d3&/a2+
9  c2&/d3&/d1&/b1&/b3&/a4+
10 d3&/c2&/b1&/c4=1,
11 a1&/b2&/c3&/d4+
12 b2&/c3&/d4&/c1&/a1&/a3+
13 c3&/d4&/d2&/b2&/a1&/b4+
14 d4&/c3&/b2&/a1=1,
15 a2&/b3&/c4&/b1+
16 b3&/c4&/c2&/d1&/a2&/a4+
17 c4&/d3&/c3&/a2=1,
18 a3&/b4&/b2&/c1+
19 b4&/c3&/d2&/a3=1,
20 a2&/b3&/c4&/b1+
21 b1&/c2&/d3&/a2=1,
22 a3&/b4&/b2&/c1+
23 b2&/c3&/d4&/c1&/a1&/a3+
24 c1&/d2&/b2&/a3=1,
25 a4&/b3&/c2&/d1+
26 c3&/d4&/d2&/b2&/a1&/b4+
27 b2&/c3&/d4&/c1&/a1&/a3+
28 d1&/c2&/b3&/a4=1,
29 b4&/c3&/d2&/a3+
30 c3&/d4&/d2&/b2&/a1&/b4+
31 d2&/c1&/c3&/b4=1,
32 c4&/d3&/c3&/a2+
33 d3&/c2&/b1&/c4=1.
```

Abbildung 3.9 PRP zum Läuferproblem für ein Schachbrett der Größe 4×4

Es gibt 16 Lösungen, die jeweils 6 Läufer enthalten. Diese 16 Stellungen wurden aus der Lösungs-TVL in der Abbildung 3.10 auf die Schachfelder der Größe 4×4 übertragen.

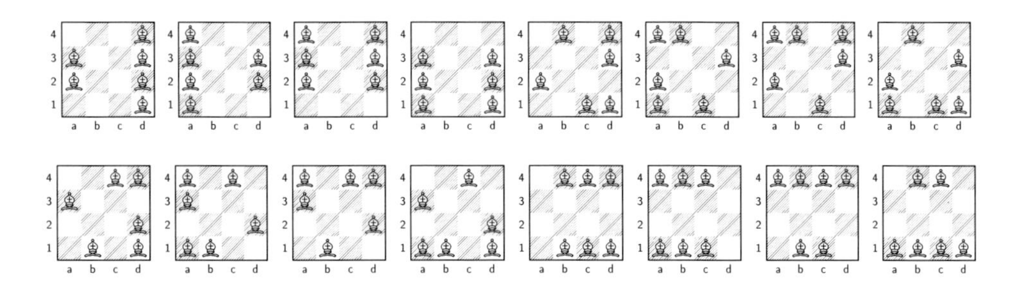

Abbildung 3.10 Alle 16 Stellungen mit 6 Läufern

Lösung 2.2. Es sind $\log_2 8 = 3$ Iterationen zur Erweiterung des Graphen mit iterativen Kanten erforderlich, um den Erreichbarkeitsgraph für den gegebenen Graph G mit 8 Knoten zu berechnen. Der gesuchte Erreich-

```
 1  space 9 1
 2  avar 1
 3  x2 x1 x0
 4  y2 y1 y0
 5  z2 z1 z0.
 6  tin 1 1
 7  x2 x1 x0 y2 y1 y0.
 8  000110
 9  001010
10  010101
11  011000
12  100111
13  101001
14  110100
15  111011.
16  vtin 1 2
17  x2 x1 x0.
18  vtin 1 3
19  y2 y1 y0.
20  vtin 1 4
21  z2 z1 z0.
22  cco 1 3 4 10
23  cco 10 2 3 11
24  isc 1 11 12
25  maxk 12 3 13
26  cco 13 3 4 14
27  uni 1 14 15
28  obbc 15 16
29  cco 16 3 4 20
30  cco 20 2 3 21
31  isc 16 21 22
32  maxk 22 3 23
33  cco 23 3 4 24
34  uni 16 24 25
35  obbc 25 26
36  cco 26 3 4 30
37  cco 30 2 3 31
38  isc 26 31 32
39  maxk 32 3 33
40  cco 33 3 4 34
41  uni 26 34 35
42  obbc 35 36
```

Abbildung 3.11 PRP zur Berechnung des Erreichbarkeitsgraphen

barkeitsgraph G^{er} wird im PRP aus der Abbildung 3.11 als Objekt 36 gespeichert und beschreibt in 13 Ternärvektoren die 34 Kanten von G^{er}.

Lösung 2.3. Die Abbildung 3.12 zeigt, dass der Graph G aus der Abbildung 2.23 aus zwei Komponenten besteht. Zur Berechnung dieser Teilgraphen dient das PRP aus der Abbildung 3.13. Ein Erreichbarkeitsgraph kann nicht-symmetrische Kanten enthalten, die in den Zeilen 1 bis 3 des PRP aus der Abbildung 3.13 entfernt werden.

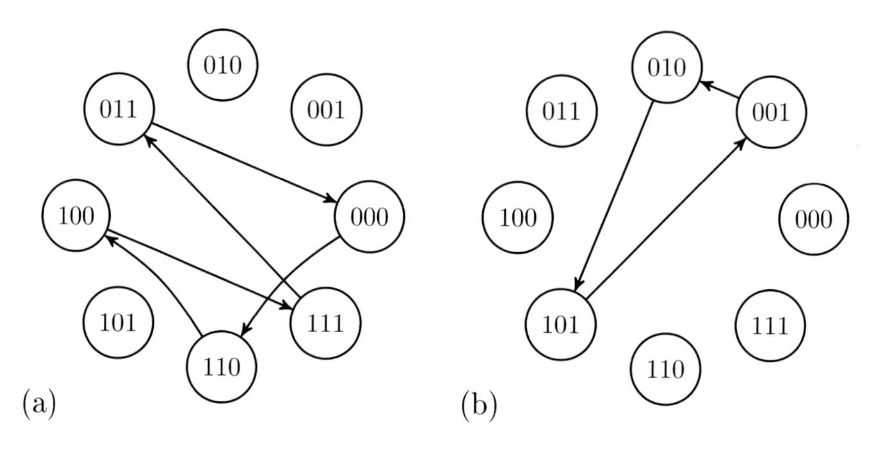

Abbildung 3.12 Komponenten G_1^k (a) und G_2^k (b) des Graphen G aus der Abbildung 2.23

```
 1  cco 36 2 3 40          11  dif 47 55 57
 2  isc 36 40 41           12  stv 57 1 60
 3  obbc 41 47             13  maxk 60 3 61
 4  stv 45 1 50            14  isc 61 57 62
 5  maxk 50 3 51           15  maxk 62 2 63
 6  isc 51 47 52           16  cco 63 2 3 64
 7  maxk 52 2 53           17  isc 63 64 65
 8  cco 53 2 3 54          18  isc 1 65 66
 9  isc 53 54 55           19  dif 57 65 67
10  isc 1 55 56
```

Abbildung 3.13 PRP zur Berechnung der Komponenten

Die erste Komponente wird in den Zeilen 4 bis 11 des PRP aus der Abbildung 3.13 berechnet. Mit dem `stv`-Kommando in der Zeile 4 wird willkürlich der erste Ternärvektor ausgewählt, der eine oder mehrere Kanten einer Komponente beschreibt (wir gehen im Weiteren von einer Kante aus). Das `maxk`-Kommando in der Zeile 5 selektiert aus der Kante den Anfangsknoten. Mit dem `isc`-Kommando in der Zeile 6 werden die Kante vom gewählten Knoten zu allen Knoten der Komponente ermittelt. Diese Zielknoten werden mit dem `maxk`-Kommando in der Zeile 7 isoliert. Mit den Kommandos in den Zeilen 8 und 9 wird der vollständige Graph aller Knoten der Komponente konstruiert. Das `isc`-Kommando in der Zeile 10 selektiert den gesuchten Teilgraph der ersten Komponente G_1^k als XBOOLE-Objekt 56. Alle Kanten der ersten Komponente werden durch das `dif`-Kommando in der Zeile 11 aus dem reduzierten Erreichbarkeitsgraphen entfernt.

In analoger Weise wird in den Zeilen 12 bis 19 der Teilgraph der zweiten Komponente G_2^k als XBOOLE-Objekt 66 ermittelt. Die leere TVL 67 zeigt an, dass es keine weiteren Komponenten gibt.

Lösung 2.4. Für jeden der zehn Knoten und jede der vier Farben wird eine Boolesche Variable benötigt, so dass insgesamt 40 Boolesche Variablen mit der Interpretation (2.24) verwendet werden.

```
1  space 40 1
2  avar 1
3  x10 x11 x12 x13 x14 x15 x16 x17 x18 x19
4  x20 x21 x22 x23 x24 x25 x26 x27 x28 x29
5  x30 x31 x32 x33 x34 x35 x36 x37 x38 x39
6  x40 x41 x42 x43 x44 x45 x46 x47 x48 x49.
7  sbe 1 1
8  (
9  x10&/x20&/x30&/x40&/x11&/x15&/x16&/x17+
10 x20&/x10&/x30&/x40&/x21&/x25&/x26&/x27+
11 x30&/x10&/x20&/x40&/x31&/x35&/x36&/x37+
12 x40&/x10&/x20&/x30&/x41&/x45&/x46&/x47)
13 &(
14 x11&/x21&/x31&/x41&/x10&/x12&/x17&/x18+
15 x21&/x11&/x31&/x41&/x20&/x22&/x27&/x28+
16 x31&/x11&/x21&/x41&/x30&/x32&/x37&/x38+
17 x41&/x11&/x21&/x31&/x40&/x42&/x47&/x48)
18 &(
19 x12&/x22&/x32&/x42&/x11&/x13&/x18+
20 x22&/x12&/x32&/x42&/x21&/x23&/x28+
```

```
21 x32&/x12&/x22&/x42&/x31&/x33&/x38+
22 x42&/x12&/x22&/x32&/x41&/x43&/x48)
23 &(
24 x13&/x23&/x33&/x43&/x12&/x14&/x18&/x19+
25 x23&/x13&/x33&/x43&/x22&/x24&/x28&/x29+
26 x33&/x13&/x23&/x43&/x32&/x34&/x38&/x39+
27 x43&/x13&/x23&/x33&/x42&/x44&/x48&/x49)
28 &(
29 x14&/x24&/x34&/x44&/x13&/x15&/x16&/x19+
30 x24&/x14&/x34&/x44&/x23&/x25&/x26&/x29+
31 x34&/x14&/x24&/x44&/x33&/x35&/x36&/x39+
32 x44&/x14&/x24&/x34&/x43&/x45&/x46&/x49)
33 &(
34 x15&/x25&/x35&/x45&/x10&/x14&/x16+
35 x25&/x15&/x35&/x45&/x20&/x24&/x26+
36 x35&/x15&/x25&/x45&/x30&/x34&/x36+
37 x45&/x15&/x25&/x35&/x40&/x44&/x46)
38 &(
39 x16&/x26&/x36&/x46&/x10&/x14&/x15&/x17&/x19+
40 x26&/x16&/x36&/x46&/x20&/x24&/x25&/x27&/x29+
41 x36&/x16&/x26&/x46&/x30&/x34&/x35&/x37&/x39+
42 x46&/x16&/x26&/x36&/x40&/x44&/x45&/x47&/x49)
43 &(
44 x17&/x27&/x37&/x47&/x10&/x11&/x16&/x18&/x19+
45 x27&/x17&/x37&/x47&/x20&/x21&/x26&/x28&/x29+
46 x37&/x17&/x27&/x47&/x30&/x31&/x36&/x38&/x39+
47 x47&/x17&/x27&/x37&/x40&/x41&/x46&/x48&/x49)
48 &(
49 x18&/x28&/x38&/x48&/x11&/x12&/x13&/x17&/x19+
50 x28&/x18&/x38&/x48&/x21&/x22&/x23&/x27&/x29+
51 x38&/x18&/x28&/x48&/x31&/x32&/x33&/x37&/x39+
52 x48&/x18&/x28&/x38&/x41&/x42&/x43&/x47&/x49)
53 &(
54 x19&/x29&/x39&/x49&/x13&/x14&/x16&/x17&/x18+
55 x29&/x19&/x39&/x49&/x23&/x24&/x26&/x27&/x28+
56 x39&/x19&/x29&/x49&/x33&/x34&/x36&/x37&/x38+
57 x49&/x19&/x29&/x39&/x43&/x44&/x46&/x47&/x48)
58 =1.
```

Abbildung 3.14 PRP zur 4-Färbung des Birkhoff'schen Diamanten

Alle logischen Bedingungen zur Färbung des Birkhoff'schen Diamanten sind in der Gleichung des PRP in der Abbildung 3.14 erfasst. Es gibt 576 Färbungen der 10 Knoten des Birkhoff'schen Diamanten, in denen benachbarte Knoten nicht die gleiche der vier Farben aufweisen.

Lösung 2.5. Die Booleschen Variablen f (Fährmann), w (Wolf), z (Ziege) bzw. k (Kohlkopf) kennzeichnen mit dem Wert 0, dass sich der entsprechende „Reisende“ am linken Ufer befindet und der Wert 1 entspricht dem rechten Ufer. Das Gleichungssystem (3.3) erfüllt für beide Ufer die erste Bedingung, die verbietet, dass sich Wolf und Ziege oder Ziege und Kohlkopf ohne den Fährmann an einem Ufer befinden:

$$\begin{aligned} \overline{f} \wedge (w \wedge z \vee z \wedge k) &= 0 \\ f \wedge (\overline{w} \wedge \overline{z} \vee \overline{z} \wedge \overline{k}) &= 0 \; . \end{aligned} \tag{3.3}$$

Die Boolesche Gleichung (3.4) erfüllt die zweite Bedingung, dass ohne den Fährmann kein anderer mit dem Boot zum anderen Ufer kommt:

$$\overline{\mathrm{d}f} \wedge (\mathrm{d}w \vee \mathrm{d}z \vee \mathrm{d}k) = 0 \; . \tag{3.4}$$

Da nach der Bedingung 3 nur zwei „Reisende“ im Boot Platz haben, werden mit der Gleichung (3.5) drei oder mehr „Reisende“ im Boot verboten:

$$\mathrm{d}f\,\mathrm{d}w\,\mathrm{d}z \vee \mathrm{d}f\,\mathrm{d}w\,\mathrm{d}k \vee \mathrm{d}f\,\mathrm{d}z\,\mathrm{d}k = 0 \; . \tag{3.5}$$

Das Gleichungssystem (3.6) erfüllt für beide Ufer die vierte Bedingung, die verbietet, dass die Situation 1. aus der Aufgabe 2.5 durch irgendeine Bootsfahrt erreicht wird:

$$\begin{aligned} \overline{(f \oplus \mathrm{d}f)} \wedge ((w \oplus \mathrm{d}w) \wedge (z \oplus \mathrm{d}z) \vee (z \oplus \mathrm{d}z) \wedge (k \oplus \mathrm{d}k)) &= 0 \\ (f \oplus \mathrm{d}f) \wedge (\overline{(w \oplus \mathrm{d}w)} \wedge \overline{(z \oplus \mathrm{d}z)} \vee \overline{(z \oplus \mathrm{d}z)} \wedge \overline{(k \oplus \mathrm{d}k)}) &= 0 \; . \end{aligned} \tag{3.6}$$

Mit der Booleschen Gleichung (3.7)

$$\overline{\mathrm{d}f} \wedge \overline{\mathrm{d}w} \wedge \overline{\mathrm{d}z} \wedge \overline{\mathrm{d}k} = 0 \tag{3.7}$$

wird das Verharren auf einem Ufer (Schlingen im Graph) ausgeschlossen. Zur Lösung gehören alle Binärvektoren $(f, w, z, k, \mathrm{d}f, \mathrm{d}w, \mathrm{d}z, \mathrm{d}k)$, die in den Lösungsmengen aller Gleichungen von (3.3) bis (3.7) enthalten sind. Im PRP der Abbildung 3.15 (a) werden erst die Lösungsmengen der fünf Bedingungen berechnet, danach wird der Lösungsgraph als Durchschnitt dieser Mengen ermittelt. Die Abbildung 3.15 zeigt die Lösungs-TVL (b) und den zugehörigen Graph (c) mit zehn Knoten und zwanzig Kanten.

```
1  space 8 1
2  avar 1
3  f w z k df dw dz dk.
4  sbe 1 1
5  /f&(w&z+z&k)=0,
6  f&(/w&/z+/z&/k)=0.
7  sbe 1 2
8  /df&(dw+dz+dk)=0.
9  sbe 1 3
10 df&dw&dz+df&dw&dk+df&dz&dk=0.
11 sbe 1 4
12 /(f#df)&((w#dw)&(z#dz)+(z#dz)&(k#dk))=0,
13 (f#df)&(/(w#dw)&/(z#dz)+/(z#dz)&/(k#dk))=0.
14 sbe 1 5
15 /df&/dw&/dz&/dk=0.
16 isc 1 2 6
17 isc 6 3 6
18 isc 6 4 6
19 isc 6 5 6
20 obbc 6 6
```

(a)

« | » | O | K | TVL 6 (ODA) | 8 Var. | 12 Z. | R. 1

	f	w	z	k	df	dw	dz	dk
1:	0	1	0	0	1	0	0	1
2:	0	0	0	1	1	1	0	0
3:	1	1	1	0	1	1	0	0
4:	0	0	1	0	1	0	0	1
5:	1	0	1	1	1	0	0	1
6:	0	0	1	0	1	1	0	0
7:	-	0	1	0	1	0	0	0
8:	1	1	0	1	1	0	0	1
9:	0	-	0	-	1	0	1	0
10:	1	1	0	1	1	1	0	0
11:	-	1	0	1	1	0	0	0
12:	1	-	1	-	1	0	1	0

(b)

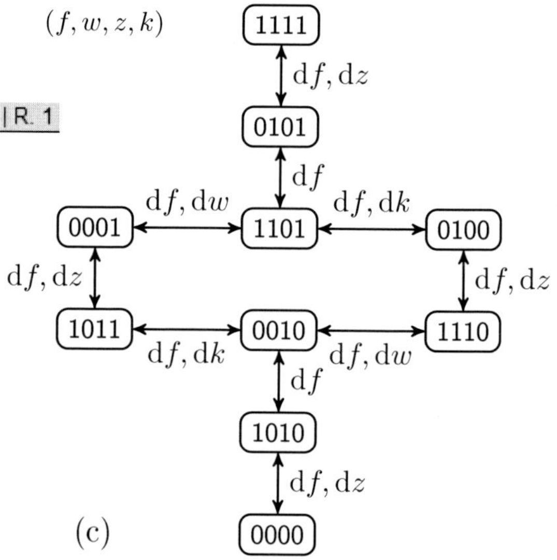

(f, w, z, k)

1111
$\mathrm{d}f, \mathrm{d}z$
0101
$\mathrm{d}f$
$\mathrm{d}f, \mathrm{d}w$
$\mathrm{d}f, \mathrm{d}k$
0001
1101
0100
$\mathrm{d}f, \mathrm{d}z$
$\mathrm{d}f, \mathrm{d}z$
1011
0010
1110
$\mathrm{d}f, \mathrm{d}k$
$\mathrm{d}f, \mathrm{d}w$
$\mathrm{d}f$
1010
$\mathrm{d}f, \mathrm{d}z$
0000

(c)

Abbildung 3.15 Fährmann, Wolf, Ziege und Kohlkopf: (a) PRP, (b) TVL, (c) Graph

Lösung 2.6. Die Abbildung 3.16 zeigt das gesuchte Problemprogramm. Als Lösung des Gleichungssystems entsteht die globale Phasenliste. Die `maxk`-Operation in der Zeile 18 entfernt die Funktionswerte g_i, bevor die Funktions-TVL für $y = 1$ mit den letzten beiden Kommandos berechnet wird. Die Funktion $y = f(\mathbf{x})$ besitzt zehn Funktionswerte 1.

```
1  space 32 1
2  avar 1
3  x1 x2 x3 x4
4  g1 g2 g3 g4 g5 g6 y.
5  sbe 1 1
6  g1=x1&x2,
7  g2=x2+x3,
8  g3=x3#x4,
9  g4=g1#g2,
10 g5=g2&g3,
11 g6=g4+g5,
12 y=g6.
13 vtin 1 2
14 g1 g2 g3 g4 g5 g6.
15 tin 1 3
16 y.
17 1.
18 maxk 1 2 4
19 isc 4 3 5
20 maxk 5 3 6
```

Abbildung 3.16 PRP zum Berechnen des Verhaltens der Schaltung aus der Abbildung 2.25

Lösung 2.7. Die Abbildung 3.17 zeigt das gesuchte Problemprogramm. Die leeren TVL 8 und 10 zeigen an, dass die Funktion (2.69) bezüglich der Variablenpaare (x_2, x_5) und (x_3, x_5) EXOR-bi-dekomponierbar ist.

```
1  space 32 1
2  avar 1
3  x1 x2 x3 x4 x5.
4  sbe 1 1
5  /x1&x2&/x3&/x4&x5#
6  (x1&x2&x3&x4&/x5+
7  x2&/x3&(/x4+x5)+
8  /x1&/x2&/x4&/x5+
9  /x2&(x1#x4&/x5)+
10 /x1&x3&/x5).
11 _derk 1 <x1 x2> 2
12 _derk 1 <x1 x3> 3
13 _derk 1 <x1 x4> 4
14 _derk 1 <x1 x5> 5
15 _derk 1 <x2 x3> 6
16 _derk 1 <x2 x4> 7
17 _derk 1 <x2 x5> 8
18 _derk 1 <x3 x4> 9
19 _derk 1 <x3 x5> 10
20 _derk 1 <x4 x5> 11
```

Abbildung 3.17 PRP zur Überprüfung der EXOR-Bi-Dekomposition

Lösung 2.8. Da nur EXOR-Bi-Dekompositionen bezüglich der Variablenpaare (x_2, x_5) und (x_3, x_5) existieren, besteht nur die Möglichkeit der EXOR-Bi-Dekomposition bezüglich $(x_5, \{x_2, x_3\})$.

```
1  space 32 1
2  avar 1
3  x1 x2 x3 x4 x5.
4  sbe 1 1
5  /x1&x2&/x3&/x4&x5#
6  (x1&x2&x3&x4&/x5+
7  x2&/x3&(/x4+x5)+
8  /x1&/x2&/x4&/x5+
9  /x2&(x1#x4&/x5)+
10 /x1&x3&/x5).
11 _derk 1 <x5> 2
12 _maxk 2 <x2 x3> 3
13 _mink 2 <x2 x3> 4
14 syd 3 4 5
15 tin 1 6
16 x2 x3.
17 00.
18 isc 1 6 7
19 maxk 7 6 8
20 syd 1 8 9
21 _maxk 9 <x5> 10
22 syd 8 10 11
23 syd 1 11 12
24 sbe 1 13
25 (x2&(x1&x3+/x1&/x3&x4))#
26 (x1#/x5&(/x1+x4)).
27 syd 1 13 14
```

Abbildung 3.18 PRP zur Überprüfung der EXOR-Bi-Dekomposition

Die Abbildung 3.18 zeigt das gesuchte Problemprogramm. Die leere TVL 5 zeigt an, dass die Funktion (2.69) bezüglich $(x_5, \{x_2, x_3\})$ EXOR-bidekomponierbar ist. In den Zeilen 15 bis 19 wird die Dekompositionsfunktion $g(x_a, \mathbf{x}_c)$ nach der Vorschrift (2.72) als TVL 8 berechnet. Die Dekompositionsfunktion $h(\mathbf{x}_b, \mathbf{x}_c)$ wird nach der Vorschrift (2.73) als TVL 10 in den Zeilen 20 und 21 berechnet. Die leere TVL 12 bestätigt die Korrektheit dieser EXOR-Bi-Dekomposition, ausgehend von den TVL 8 und 10 der Dekompositionsfunktionen. Aus diesen TVL kann der vereinfachte Ausdruck für $f(\mathbf{x})$ abgelesen werden:

$$f(\mathbf{x}) = (x_2\,(x_1\,x_3 \vee \overline{x}_1\,\overline{x}_3\,x_4)) \oplus (x_1 \oplus \overline{x}_5\,(\overline{x}_1 \vee x_4)) \ . \tag{3.8}$$

In den Zeilen 24 bis 27 wird bestätigt, dass die verschiedenen Ausdrücke von (2.69) und (3.8) die gleiche Funktion $f(\mathbf{x})$ beschreiben.

Literatur

[1] D. Bochmann und C. Posthoff: *Binäre Dynamische Systeme*. Oldenbourg: Oldenbourg Wissenschaftsverlag, 1981.

[2] D. Bochmann und B. Steinbach: *Logikentwurf mit XBOOLE – Algorithmen und Programme*. Berlin: Verlag Technik, 1991.

[3] R. Diestel: *Graphentheorie*. Berlin: Springer, 2010.

[4] F. Dresig u. a.: *Programmieren mit XBOOLE*. Bd. 5. Wissenschaftliche Schriftenreihe der Technischen Universität Chemnitz. Technische Universität Chemnitz, 1992.

[5] C. Posthoff und B. Steinbach: *Logic Functions and Equations – Binary Models for Computer Science*. Dordrecht: Springer, 2004.

[6] B. Steinbach: *Auflösbarkeit und Eindeutigkeit Boolescher Gleichungen*. Wissenschaftliche Schriftenreihe der Technischen Universität Chemnitz-Zwickau. Technische Universität Chemnitz-Zwickau, 1992.

[7] B. Steinbach, (Hrsg.): *Recent Progress in the Boolean Domain*. Newcastle upon Tyne, UK: Cambridge Scholars Publishing, 2014.

[8] B. Steinbach und C. Posthoff: Boolean Differential Calculus – Theory and Applications. In: *Journal of Computational and Theoretical Nanoscience* 7.6 (2010), S. 933–981.

[9] B. Steinbach und C. Posthoff: *Boolean Differential Equations*. Morgan & Claypool Publishers, 2013. DOI: 10.2200/S00511ED1V01Y201305DCS042.

[10] B. Steinbach und C. Posthoff: *EAGLE-STARTHILFE Technische Informatik. Logische Funktionen – Boolesche Modelle*. Leipzig: Edition am Gutenbergplatz, 2014.

[11] B. Steinbach und C. Posthoff: *Logic Functions and Equations – Examples and Exercises*. Springer Science + Business Media B.V., 2009.

Stichwortverzeichnis

Wolfgang Freudenberg / Markus Gäbler
EAGLE-STARTHILFE
Wahrscheinlichkeitsrechn
Eine elementare Einführung

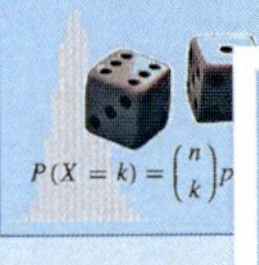

Bernd Steinbach / Christian Posthoff
EAGLE-STARTHILFE
Technische Informatik
Logische Funktionen – Boolesche Modelle

Bernd Steinbach / Christian Posthoff
EAGLE-STARTHILFE
Effiziente Berechnungen mit XBOOLE
Boolesche Gleichungen – Mengen und Graphen – Digitale Schaltungen

Walter Alt / Christopher Schneider / Martin Seydenschwanz
EAGLE-STARTHILFE
Optimale Steuerung
Theorie und numerische Verfahren

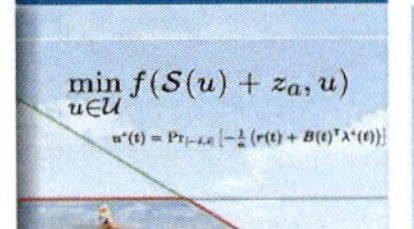

Martin Huber / Claudia Albertini
EAGLE-STARTHILFE
Grundbegriffe der Mathematik
Logik – Mengen – Relationen und Funktionen – Zahlbegriff
2. Auflage

Christian Wagenknecht
EAGLE-STARTHILFE
Berechenbarkeitstheorie
Cantor-Diagonalisierung – Gödelisierung – Turing-Maschine

Günter Deweß / Helga Hartwig
EAGLE-STARTHILFE
Ein Semester Operations Research
Modelle – Prinzipien – Beispiele

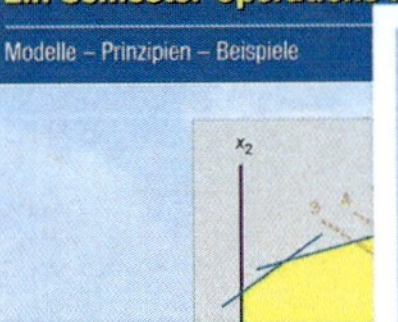

Wolfgang Brune
EAGLE-STARTHILFE
Physikalische Klimamodelle

Thomas Foken
EAGLE-STARTHILFE
Energieaustausch an der Erdoberfläche
Lokalklima – Landnutzung – Klimawandel

Matthias Volpert
EAGLE-STARTHILFE
Mechatronische Systeme
Grundlagen – Modellierung – Simulation

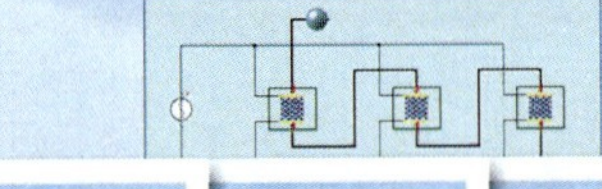

Siegfried Hauptmann
EAGLE-STARTHILFE
Chemie
3. Auflage

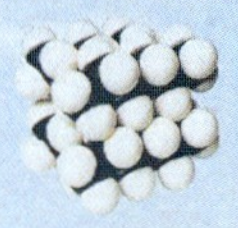

EAGLE-STARTHILFEN

www.eagle-leipzig.de/starthilfen.htm